U0319506

# 切花月季
# 夏季花枝发育
# 研究与应用

王力 著

化学工业出版社

·北京·

## 内 容 简 介

本书是关于寒地生产切花月季夏季短枝问题的研究专著，对生产实践有一定指导意义。

寒地切花月季具备观赏期较长，灰霉病发病率低等特点。但生产中存在产业瓶颈，一是缺乏品种评价体系，二是夏季花枝长度较春秋两季偏短，称为"夏季短枝现象"。笔者团队立足生产，开展了三年的多品种表形性状调查，结合层次分析法进行综合评价，初步建立寒地切花月季品种综合评价体系。对主栽品种进行夏秋季花枝形态的测试，获得现象敏感品种并发现靶向性状，进而在夏季开展温度、光照长度和光照强度影响花枝长度的研究。采用表形、微观、生理测定及转录组测序、转基因验证等技术挖掘关键基因，揭示夏季短枝现象的分子机理，为寒地月季产业发展提供技术支撑。

本书可供切花月季生产者，切花生产研究人员阅读参考。

**图书在版编目（CIP）数据**

切花月季夏季花枝发育研究与应用／王力著.

北京：化学工业出版社，2025. 5. -- ISBN 978-7-122
-47581-7

Ⅰ. S685.12

中国国家版本馆 CIP 数据核字第 20255TB070 号

责任编辑：张林爽

责任校对：李雨晴　　　　　　装帧设计：关　飞

出版发行：化学工业出版社
　　　　　（北京市东城区青年湖南街 13 号　邮政编码 100011）
印　　装：北京科印技术咨询服务有限公司数码印刷分部
710mm×1000mm　1/16　印张 11¼　彩插 1　字数 156 千字
2025 年 5 月北京第 1 版第 1 次印刷

购书咨询：010-64518888　　售后服务：010-64518899
网　　址：http://www.cip.com.cn
凡购买本书，如有缺损质量问题，本社销售中心负责调换。

定　　价：80.00 元　　　　　　版权所有　违者必究

# 前言

　　月季是世界上主要的切花种类之一。切花月季（*Rosa* sp.）是蔷薇科蔷薇属多年生木本花卉，是适宜作为切花的一些月季种类的统称，包含杂种香水月季、聚花月季及壮花月季等。我国寒地地区夏季气候相较传统主产区最大的优势是降雨较少，月季切花灰霉病发病率低，瓶插期较长。但生产中存在产业瓶颈，一是缺乏品种评价体系，品种更新速度慢；二是夏季花枝长度较春秋两季偏短，称为"夏季短枝现象"。要想更大程度发挥寒地夏季生产月季切花的优势，需要从建立切花月季品种评价体系及改善夏季月季切花短枝现象着手，解决了这些问题，我国北方将有望成为全国乃至世界夏季月季切花主要的产区。

　　笔者团队立足生产，开展了三年的多品种表形性状调查，结合层次分析法进行综合评价，初步建立寒地切花月季品种综合评价体系。对主栽品种进行夏秋季花枝形态的测试，获得现象敏感品种并发现靶向性状，进而在夏季开展温度、光照长度和光照强度影响花枝长度的研究。采用表形、微观、生理测定及转录组测序、转基因验证等技术挖掘关键基因，揭示夏季短枝现象的分子机理，为寒地月季产业发展提供技术支撑。

　　笔者团队 2007 年开始寒地切花月季栽培技术研究，2009 年开始技术推广，扶持建立了黑龙江省最大的切花月季生产基地"塞北花都"花卉园区。此园区占地1500 余亩❶，棚室数量 700 余栋，主要以夏季生产月季切花为主，年销售额 2200 万元左右，参与农户 100 余人。本书是基于生产中发现的问题开展系列研究并总结归纳而成。研究工作虽然取得一些成果，但距离真正解决生产瓶颈还存在差距，请各位读者提出宝贵意见。

**著　者**

---

❶　1 亩＝666.67m²。

# 目录

## 第七章 成果与应用 / 147

## 参考文献 / 168

第一章

# 绪　论

# 第一节
# 切花月季品种综合评价及筛选

## 一、切花月季引种适应性研究

随着月季产业的发展和人们对月季的需求量增加，种植者试图通过引进具有明显竞争优势的外来品种吸引顾客，提高经济效益。全国大规模引种试验的开展自1986年开始，研究人员通过对引进品种适应本地区的气候、土壤等条件进行研究，从而指导实际生产。

引种的目的是顺应市场需求，获得最大经济利益，但在具体情况下，引种遵循一定的规律和原则。例如李秀娟等经过数年的引种研究，明确了来自江苏常州地区的26个月季品种中，适合广西桂林地区的仅有8个，这些品种在物候期、花枝生长特性、开花特点和花朵质量及对水分和土壤等环境因素的适应能力方面均表现较好。此次所引进切花月季品种所处的生长环境条件（如温度、降雨等）与拟引进地区的自然条件有很大的相似性，但引进品种的表现并不一致，说明引种受较多因素的影响，提醒人们不能盲目引种，避免发生损失。而张金芸等试图筛选出可以在合肥山区种植的月季品种，在大范围内广泛搜集的品种中，对所选品种的花枝等相关生长发育指标进行了系统研究，最终确认了'雪山'等16个品种适合在日光温室中种植。同样地，广大科研工作者分别在石河子、莱州、贵阳、南京等地区进行过类似的引种试验，但每一位研究人员在进行筛选的过程中所采取的标准和指标都不统一，所采取的措施有些过于粗糙，往往所得结果不够可靠。因此，急需建立切花月季品种引进标准，尤其是综合评价标准。

## 二、切花月季品种综合评价标准的研究

切花月季品种的评价是筛选的最关键环节，需要准确、客观地反映品种的特性。但由于试验地气候、土壤以及栽培管理等环节的影响和不同一性问题，往往导致对某些品种的评价不准确。特别是在我国还没有建立统一、规范的评价体系的情况下，无法准确评价一个引进品种的优劣，通常会造成评价结果的不准确和不全面。曾经在 1983 年，由美国月季相关组织成立的评价协会（All American Rose Selections，简称 AARS）发布了最权威的月季评价标准，其打分标准包括健壮程度 20 分、花型 10 分、活力 10 分、花朵颜色 10 分、是否具有连续开花特性 10 分、新鲜奇特程度 10 分、生长特性 10 分、整体造型效果 10 分。我国的科研工作者也试图建立适用于中国的切花月季评价标准，谢俊萍于 2004 年根据我国相关行业标准，结合美国的 AARS 标准，建立了一套筛选评价体系，对我国切花月季品种筛选起到一定的促进作用，然而其体系本身存在一些不足，仅以形态指标作为主要考察标准，尤其是没有把品种抗病能力和一些关键性状作为评价指标纳入其中，所得结果未能得到实际应用。

随着社会发展、生活水平的提高，人们对观赏植物的需求量在不断增加，同时对其品质的要求也在不断提高。对于切花月季在原来普遍仅追求花朵大、花色艳丽、开花时间长的基础上，还要关注季节间切花月季品质的差异等问题，因此，评价标准应随人们观赏要求的变化而变化。然而，评价标准的建立不能简单地将各项标准合在一起，还要考虑各项指标之间存在的关系等。要全面、客观、无偏差地评价品种的优劣，需要多门学科包括数理统计学、系统分类学等学科的交叉和综合。目前，应用在物种评价的数学方法主要包括层次分析法、百分制记分法、灰色系统分析法和模糊数学法等。当然，并不是每一种方法都能够很好地进行评价，各方法分别具有各自的特点和优势。

基于数理统计学原理，我国的科研工作者在切花月季抗性品种筛选过

程中采用了模糊综合评判模型，根据育种目标明确了相关形态和生物学特性，并计算出权重。与专家评议结果相比较，结果非常一致，说明这一评价体系具有准确、可靠、简单有效的特点。但这一体系本身也存在着局限性，因为体系仅以抗性育种为目标，所得结果并不适用于筛选观赏切花。为此，薛麒麟等（2004）专家提出以百分法作为评价切花月季的方法，但在具体指标的评价过程中存在标准难以统一的问题，评价体系问题并未得到解决。另外一些月季专家希望通过模糊数学隶属函数法建立切花月季评价体系，并将其应用于广东地区 8 个切花月季品种的评价当中，其中的 3 个品种评价结果显示很适合在当地种植，但评价体系本身仅将主花枝长度等形态指标作为主要因素，并未考虑如花型、花色等因素，此评价指标范围不够全面，所得结果不具有完全代表性。

在 20 世纪 70 年代，美国运筹学家 T. L. Satty 提出了层次分析法，其具有灵活、简单、实用的优点。该方法的内涵是将原本复杂的问题分解为不同的组成因素，并根据各因素之间的关系形成一定的结构，然后对各因素进行两两比较，从而确定哪一个因素更为重要，进而做到对各因素定性和定量，系统地有层次地对其进行分析。目前，层次分析法已被广泛地应用在芍药、桂花、蜡梅、梅花等观赏植物品种的综合评价方面，表现出令人满意的准确性和实用性。在 2007 年，我国学者柴菲首次利用层次分析法进行切花月季品种的筛选工作，并建立了切花月季的综合性状评价体系，从 24 个参试的切花月季品种中筛选出 6 个品质一级的品种。该方法不仅为全面客观地筛选适宜北京地区的月季品种提供了充足的理论基础，也为在杂交后代或引进品种中筛选优良品种创造了条件和基础。

## 三、寒地切花月季品种筛选的必要性

随着人们生活水平不断提高，我国寒地地区鲜切花的需求量不断增加，尤其是对月季的钟爱使得月季产业遇到难得的机遇。然而，由于气候的原因，寒地月季的生产受到很大的限制，生产成本较高。

事实上，决定生产成本最主要因素是品种，品种除在外观品质上可决定其市场需求量和价格外，还在很大程度上决定着月季种植地域的广度。在众多月季品种中，有许多品种适合做切花用。在生产品种选择过程中，笔者团队除以品种市场潜力作为主要考虑因素外，还要考虑所选品种的温度适应性、抗逆性、抗病虫害能力等方面。如只考虑市场需求，将可能导致生产成本大幅度增加而没有经济效益，还有可能无法突破栽培技术瓶颈而引种失败。因此，有必要对来源广泛的月季切花品种进行筛选，最终选择适应北方气候条件、符合市场需求的月季品种。

按照切花生产在季节上的特点，可以将我国切花月季种植方式分为以下三种类型。

### 1. 周年生产型

即具备必要的夏季降温设备和冬季增温设施，通常是造价高昂、具有现代化设施的人工智能温室，不仅能够满足月季对温度的基本要求，还可以进行人工光源补光，从而实现月季一年四季不间断地生长，切花产品也可不断地供应市场。然而，由于温室设施造价高、维护费用也高，同时耗能量也大，通常仅有实力的企业或科研院所能够使用。

### 2. 冬季切花型

即借助于具有加热和保温功能的人工智能温室，满足月季的生长发育条件，进而在冬季生产切花，在北方需要高规格的温室，而在南方地区包括广东和云南昆明等地冬季温度较高，在裸露土地或是简单的温室大棚中就能够生产切花。

### 3. 夏季切花型

即在夏季，在裸露土地或者简易大棚中就能够进行月季切花生产，并且成本非常低，也是目前主要的栽培模式。

每年的3月、7月、8月、12月是月季切花销售最好的时期，种植户在此时生产出品质好的切花可以获得较好的经济效益。上述三种切花月季种植方式适用于我国不同地区。就南方地区来说，周年生产型种植方式成本过高，大多南方地区采用冬季切花型和夏季切花型种植方式，或者两种方式相结合。当然，周年生产型种植方式也有其优点，那就是在光照和温度可控的条件下，能够选择的品种类型就更多，能够给生产者更多选择。冬季切花型种植方式是以冬季生产切花为主，所选品种必须具有抗寒能力。而在我国北方地区，月季切花生产主要在夏季进行，所选品种反而需要耐热性较好，因为北方夏季的温度也很高，如果需要越冬，则需要选择耐寒能力强的品种。在目前北方切花月季需求量大，发展前景好的形势下，有必要利用北方地区有限光热资源稳步发展月季切花产业。

# 第二节
# 光温影响切花月季花枝发育

　　月季是重要的鲜切花之一。世界各国的月季切花分级标准略有不同，但花枝长度都是主要的商品切花分级标准之一。位于中国北部的黑龙江省，2019 年月季种植面积已经达到 370 公顷，年产月季切花 2.5 亿枝，成为中国夏季月季切花的主产区之一。但生产中存在花枝长度夏季较秋季短的情况，被称为月季夏季短花枝现象，已经成为了寒地地区月季切花产业发展的瓶颈。

## 一、季节气候对切花月季花枝发育的影响

　　月季夏季短枝现象与季节性气候有关，而季节性气候影响植物生长的研究通常围绕温度、光照进行。然而，要区分温度和光照的影响并不容易，它们通常是相关的。研究表明，月季切花品质的季节差异可能是由于温度或光照的影响，或两者兼而有之。Blom 和 Mastalerz 的研究表明，月季花枝夏季比冬季更短，主要是由于光照季节变化的影响导致的。众所周知季节间光照存在显著变化，但是光照对月季枝发育过程、调控机制尚不清晰，相关研究报道较少。

　　许多研究报道了季节性气候条件对月季生产的影响。研究表明，月季切花的产量受季节光照波动的影响。然而，切花生产的低产期较日照较弱的时期晚 1~2 个月。这种现象可能是由于在枝条发育的早期阶段花芽发育受到低光强的影响，而从花芽萌芽到采收花枝需要 50~60 天才能完成。

　　月季的生长发育和切花品质主要取决于品种特性和栽培环境。当品种确定的时候，环境条件是影响月季生长发育的主要因素。环境因素包含范围很广，有土壤的通透性、土壤营养、土壤水分、病虫害、空气湿度、光

照和温度，以及二氧化碳浓度等，以上因素之间互相关联，共同影响着月季的生长发育。但是在所有环境因素中，温度和光照是最关键也是被集中研究的关键环境因素。

## 二、温度对切花月季花枝发育的影响

月季适应的温度范围比较宽泛，尤其是用于切花的月季品种多数是由欧洲月季与中国月季以及亚洲野生月季杂交获得的，因此品种耐寒性都较强。耐低温的品种在 $-10\sim-15℃$ 的条件下不会出现冻害，生长发育最适温度是白天 24℃，夜间 12～15℃。中等耐低温品种的适合低温是 16～17℃。

### 1. 夜温对切花月季花枝发育的影响

在实际切花生产中，人们常常更关注夜间温度的管理。尤其是利用冬季生产切花，夜间温度的管理是主要的管理内容。以往很多研究是针对不同月季品种的不同夜间温度管理对产花日数、切花产量及品质的影响。

水户的研究表明，'索尼亚''卡拉米亚'和'万岁'在夜温较高的情况下，切花产量增加，到花日数缩短，对于切花的茎长影响不明显。但是并不是所有品种都是这样，例如'巨星''卡丽娜''玛丽娜''柏劳娜'等品种在较高的夜温条件下，到花日数也是缩短，但花茎长度明显缩短，花瓣减少，严重降低月季切花品质。根据这一结果推断较低夜间温度有利于产生高品质的月季切花。

水户还研究了夜间变温管理对月季切花产量和品质的影响。结果表明，变温管理与恒温管理之间，月季产量和品质差异不明显。而且温度变化幅度过大会导致到花日数增加，并且产生较大量的盲花枝。因此变温处理并不适合生产实际，如果从节约能源角度出发，也许具有一定的意义。

Moe采用月季品种'巴卡拉'进行定温处理，表明温度过高或较低对月季生长发育影响明显，夜温除了影响切花的茎长度和叶数外，还对切花的重量、茎叶比例、到花日数、花瓣、花型和花色等存在明显的作用。另外，夜间温度对切花月季的影响与白天光照强度、光照长度的季节性变化存在相关性。

### 2. 昼温对切花月季花枝发育的影响

白天温度与夜间温度对月季生长发育同样具有影响。一般而言，月季最适合的昼温为23～25℃。但是夏季温度较高，昼温可以达到30℃以上，仅通过通风换气无法降至适宜温度，生产中往往采用高压弥雾或者水帘风机进行降温。Moe研究表明，随着白天温度的升高，月季品种的枝条长度和两次采收之间的天数都会减少。在其他作物中也观察到在较高温度下植株开花株高降低的事实，例如豌豆和谷物一定阶段的株高既取决于生长速度，也取决于发育速度。当高温促进发育速度大于生长速度时，株高降低。

### 3. 地温对切花月季花枝发育的影响

除了昼夜温度以外，还有地温对月季的生长发育也存在较大影响。有研究表明，地温13.3℃，气温在17.8℃是月季最佳的栽培温度。这个数据长期以来用于指导生产中的管理。在1980年，布莱温研究表明，昼温20℃、夜温16℃、地温25℃条件下，切花产量增加了20%。

## 三、光照对切花月季花枝发育的影响

切花品质也受光照季节变化的影响。一般来说，夏花的茎比冬花更短、更细，叶和花蕾更小，花瓣更少。月季植株的生产力取决于不同产量成分的变化，如从抑制中释放的侧芽数量、花芽败育率、更新枝的形成和花茎的生长速度。所有这些变量都受光照的影响，光强在月季栽培中的重要性已得到充分证实。

### 1. 光照长度对切花月季花枝发育的影响

从植物对光照长度需求角度分析，月季属于日中性植物。也可以说月季的花芽分化不受光照长度的影响。但在月季的生长发育过程中，长光照能对月季的营养生长和生殖生长具有促进作用。本文重点研究自然光照对月季植株生长发育的影响，以及对生产力和花卉品质的影响。

### 2. 光照强度对切花月季花枝发育的影响

光照强度是影响月季植株生长和开花的重要因素。由于季节变化或遮阳导致的光照强度减弱和光照持续时间减少会降低月季的产量。不同的生产力和品质因素，如断芽，花败率，更新枝的形成，采收间隔时间，茎和花蕾的长度、重量、直径，叶面积和花瓣色素等均受光照强度的影响。用相对较高水平的光照强度进行补充照明，特别是在太阳照射较弱的时期，会使花朵数量增加。

通过比较温室内不同部位的花朵产量，采用不同种植床和部分遮阳试验，人们研究了光照强度对月季切花产量的影响。由于温室框架的遮蔽或种植床的方位不同，光在温室中分布并不均匀。月季花坛外排比内排开的花多，朝南的排比朝北的排开的花多。Moreshet 对温室内不同位置的月季植株生产力的分析表明，温室南端的产花数量最多，西部和东部次之，北部再次，而温室中部的产花数量最少。产量的多少与温室内光照强弱的变化相对应。尽管西侧和东侧的光照强度相似，但温室东侧的产花量明显高于西侧。这种不对称性归因于植物呼吸作用，夜间在温室中产生了较高浓度的 $CO_2$，促进了东侧植株利用日出的光照进行光合作用。当温室北侧的花被反光墙面的反射光覆盖时，温室北侧的花朵的产量和质量都会提高，这种影响只在冬季才明显。在人工修建的朝南坡上的梯田种植月季，可使冬季花卉产量提高 25％～50％。这种栽培形式减少了相互遮光，提高了植物在低太阳高度角的冬季的感光能力。

### 3. 遮阳处理对切花月季花枝发育的影响

另一方面，在夏季的几个月里，遮阳降温被广泛使用，但温室温度的下降往往会导致花卉产量的下降。根据报道，进入温室的光照减少10％～20％，美国科罗拉多州的花卉产量减少 7％～22％。在以色列进行的实验表明，冬季通过遮阳使进入温室的光减少了 10％、35％、60％ 和 70％，平均每株开花的数量分别减少了 43％、65％、75％ 和 90％。减产和植株退化伴随着根系的严重破坏。遮阳处理使月季根系平均重量分别降低 11％、16％、21％ 和 42％。

遮阳导致花蕾败育增加，这与光通量的强度密切相关。败育的发生率与植物在花发育早期，即修剪后 10～20 天内暴露在强光下的时间有关。

## 四、寒地气候影响切花月季花枝发育

寒地的冬季寒冷而漫长。长期以来，寒地的切花月季生产采用冬季休眠的生产模式，每年切花生产为三季，春季为 5 月份产花，夏季为 7 月份产花，秋季为 9 月份产花。其中春、秋两季生产的月季切花，与云南主产地的切花缺乏竞争力，同时由于春秋两季月季切花市场需求量较少，导致寒地春秋两季生产月季切花经济效益较低。而夏季的情况发生了逆转。一方面市场需求量激增，如"七夕"情人节在每年 8 月份，大幅度增加了月季切花的市场需求量；另一方面气候优势提升了寒地月季切花的品质。在夏季期间，云南主产区由于空气湿度较大，月季病害较重，尤其是长距离运输出现大量的花朵腐烂情况。而寒地夏季期间空气湿度较低、温度较低、光照充足，使得月季切花品质得到了保障。近几年的统计数据显示，寒地夏季月季切花的经济收益占全年总收益的 70％ 左右。美中不足的是，寒地月季切花生产中夏季切花相对于秋季存在花枝偏短的现象，严重制约了寒地切花月季产业的发展，而关于这一现象产生的原因，科学家还没有明确的答案。为此，笔者团队立足于该现象开展日平均温度、光照长度和光照强度对切花月季夏季花枝发育影响的系列研究，探索突破产业瓶颈，推动产业发展。

# 第三节
# SAUR 基因家族的研究进展

SAUR 基因家族是生长素（auxin）早期响应的三大基因家族之一。生长素早期响应基因被分为三个家族：AUX/IAAs，GRETCHEN HAGEN3s（GH3s）和 SAURs（Small Auxin Up-Regulate genes）。SAURs 最早是在大豆中报道的，在下胚轴伸长过程生长素诱导的差异基因筛选中发现的。随后在拟南芥、苹果、水稻、桃、杨树等众多作物中都发现了 SAURs。

## 一、SAUR 基因家族生物信息学特征

SAURs 是植物特有的基因家族，也是生长素响应基因中数量最多的家族。生物信息学分析表明，拟南芥中发现 81 个 SAURs 基因，水稻中发现 58 个 SAURs 基因，马铃薯中发现 134 个 SAURs 基因，番茄中发现 99 个 SAURs 基因，玉米中发现 79 个 SAURs 基因。一般来说，SAURs 基因在植物基因组中不是随机分布的，在大豆、拟南芥、水稻、番茄、玉米中，SAURs 基因多数是在高度相关基因的串联序列中发现的。串联和节段重复事件可能有助于 SAUR 基因家族的扩展。

在不同植物中，SAURs 蛋白通过多序列分析显示，都有一个共同的中心结构域。RenH 研究发现，SAUR 结构域是由 60 个氨基酸组成，是高度保守的（图 1-1）。SAUR 结构域主要由疏水氨基酸组成，也包含短的、高度保守的带电斑块和几乎不变的半胱氨酸残基。SAUR 基因编码植物特有的小蛋白质，不包含明显的生物化学功能特征基序。拟南芥蛋白的预测分子量为 9.3～21.4kDa。SAURs 蛋白被预测存在于细胞核、细胞质、线粒体、叶绿体和质膜上。

物种

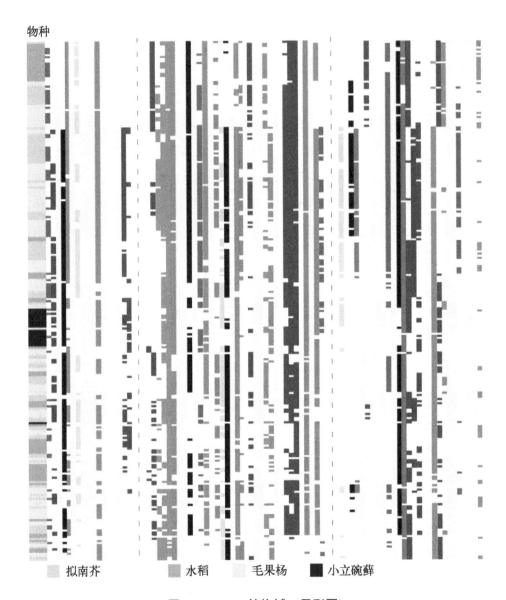

拟南芥　　　　水稻　　　　毛果杨　　　　小立碗藓

**图 1-1　SAUR 结构域（见彩图）**

注：使用 Clustal Omega 对来自拟南芥、水稻、毛果杨和小立碗藓的 247 种 SAUR 蛋白的 SAUR 结构域进行了多序列比对。每个位置的共有残基都用颜色编码。虚线表示从比对中删除的一些 SAUR 家族成员中短的、非保守的插入片段的位置

SAUR 基因家族的表达受很多因素的控制。Hagen 和 Guilfoyle 研究表明，在绿豆、豌豆等 5 种作物中，生长素可以诱导 SAURs 基因的转录。通常，生长素诱导的 SAUR 在茎中表达最高，而受生长素抑制和无响应的 SAUR 多数在根中表达。SAUR 表达的第二层调控与 SAUR 的转录本的不稳定有关。SAUR 基因 3′-UTR 中的 DST 元素作为 mRNA 不稳定性的决定因素，负责 SAUR mRNA 的快速周转。

除了在转录和转录后水平调控，SAUR 的表达还受到翻译后的调控。Knauss 第一个报道关于玉米 SAUR2 蛋白是寿命较短的蛋白质，半衰期约为 7 分钟。最近报道，拟南芥 SAUR19 和 SAUR63 蛋白被发现高度不稳定。26S 蛋白酶体抑制剂 MG132 处理导致 SAUR19 和 SAUR63 积累，提示泛素/26S 蛋白酶体途径参与调节 SAUR 降解。有报道，SAUR63 降解速率在昏暗的光线下比明亮的光线下更快。

## 二、 SAUR 基因的功能研究

所有植物的基因组基本都包含大量的 SAUR 基因家族。但是由于可能存在的遗传冗余或者 SAUR 基因间紧密连接，产生高级突变体比较困难，传统利用功能丧失遗传方法来阐明 SAUR 基因在植物生长发育中的功能受到了严峻挑战。为了解决这个问题，人们使用 SAUR 基因融合蛋白过表达比较稳定的功能获得遗传方法。这些研究表明，在植物细胞的生理和发育过程中 SAUR 基因广泛参与激素和环境调控植物的生长和发育。虽然过表达研究还有待进一步探索，但部分 SAUR 基因已经得到了 RNA 沉默的验证，已经其他生物化学和遗传学的佐证。这些说明了 SAUR 基因融合蛋白过表达的可信度。下面回顾 SAUR 调控植物生长发育的研究历程。

### 1. SAUR 调节细胞的伸长和生长

细胞伸长和生长是植物生长发育的基本过程。拟南芥下胚轴的生长主要由细胞扩展引起，使其成为一个优秀的研究系统。许多 SAUR 基因在伸长的下胚轴中高度表达，最近在拟南芥中进行的几项研究得出了支持 SAURs 在细胞伸长和生长中发挥积极作用的实验结果。SAUR36，SAUR41，SAUR19 或 SAUR6 的稳定融合蛋白的过表达促进下胚轴伸长作为细胞扩张的结果。相比之下，SAUR19 或 SAUR63 亚家族多个成员的人工 microRNAs（amiRNAs）靶向表达的幼苗下胚轴略短，表皮细胞更小。这些结果表明，SAUR 积极调节细胞扩张，以促进下胚轴的生长。Sun 等（2016）使用了一种综合的方法来证明拟南芥的光调控幼苗生长是由一组 32 个冗余作用的 SAUR 控制的。这些所谓的 lirSAURs 负责生长素诱导的下胚轴在黑暗中的伸长或在光照下子叶的扩张。光敏色素相互作用因子（PIF）在这两个组织中对这种调控都很重要，但令人惊讶的是，它们在光照下的分解降低了下胚轴中的 SAUR 表达，同时诱导了子叶中的 SAUR 表达。

## 2. SAUR 可以促进茎和叶片的生长

在热带地区，研究报道 SAUR 的表达增加，促进茎的细胞伸长。McClure 和 Guilfoyle 利用组织打印技术研究了大豆 SAUR 转录本，发现在重力的刺激下，SAUR 转录本从对称分布变成了不对称分布，在下胚轴的下侧积累。同样在重力刺激的烟草茎下侧也观察到 pSAUR10A∶∶GUS 表达增加。Gee 在大豆重力反应过程中运用 RNA 原位杂交发现在下胚轴下侧的表皮和皮层中丰富的 SAUR 转录本。最近的转录组学研究表明，许多 SAUR 基因优先表达在重力刺激下的水稻和拟南芥茎的较低、较长侧面。结合上述基因表达与受热带气候刺激的茎两侧生长差异的相关性研究，推测不对称的 SAUR 基因表达可能促进了热带地区植物茎的生长。

有证据表明，SAUR 通过控制细胞扩张或分裂来调节叶片的生长，这与生长素调节叶片的生长和发育有关。我们知道，生长素参与调控了叶片的生长。Spartz 等（2012）通过人工 miRNA 对 SAUR19、SAUR23 和 SAUR24 靶向表达，发现植物叶面积减少，而表达稳定的 SAUR19 融合蛋白的植物叶片比野生型更大。这些叶片大小的变化完全由于细胞大小的改变，这表明 SAUR19 亚家族基因积极调节细胞扩张以正向调控叶片生长。与 SAUR19 基因不同，一些 SAUR 基因被认为是叶片生长的负调控因子。Markakis 等（2013）研究发现，在生长素处理条件下，SAUR76 在根中显著表达，而叶片中表达较弱。在 35S 启动子过度表达时，SAUR76 的表达导致叶面积减少，这种效应是细胞数量减少的原因。结果表明 SAUR76 可能通过负性调节细胞分裂来抑制叶片生长。

### 3. SAUR 与植物激素的互作

SAURs 为一类生长素响应基因家族。在大多数植物中约有 60～140 个 SAUR 基因。SAUR 基因在生长素诱导的植物生长中发挥重要作用。很多研究表明，SAUR 过表达还可以影响生长素水平、生长素极性运输或生长素途径基因的表达。Kant（2009）和 Xu 等（2017）研究表明，SAUR19、SAUR41、SAUR63 过表达导致生长素运输增加，从而促进生长。同时也报道 OsSAUR39、OsSAUR45 过表达抑制了植物的生长。这样正反向调控的情况很多，Van Mourik 等（2017）研究表明，在拟南芥中虽然许多 SAUR 可以由生长素诱导，但也有一组 SAUR 对生长素不敏感，被 Van Mourik 等人命名为 Class Ⅱ SAUR。这些 SAUR 对生长素的影响可能是间接的。人们推测，SAUR 可能与 PP2C 磷酸酶相互作用，影响了生长素的极性运输。

近年来，生长素、油菜素甾体、赤霉酸（GA）和光调控 SAUR 基因表达的调控机制已基本阐明。Oh 等（2014）的研究表明，ARF6、BZR1 和光敏色素相互作用因子 4（PIF4）在下胚轴中可以相互作用，并且在很大程度上具有重叠的靶基因集，包括大量的 SAUR 基因。这表明 ARF-BZR-PIF 复合体在调节 SAUR 基因表达中起着重要作用。与此一致，SAUR 基因可以通过联合添加生长素和油菜素类固醇来协同上调，大量存在于 ARF5、ARF7、ARF8 和 ARF19 的靶标列表中及其下游。近几年的多项研究已经为 ARF-BZR-PIF 复合物在 SAUR 诱导的生长反应中的作用提供了更多的证据。Sun 等（2016）显示 PIF 与 lirSAURs 直接结合，这诱导它们在黑暗生长的下胚轴中表达；Miyazaki 等（2016）报道了 LOV Kelch Protein 2（LKP2）的下胚轴伸长表形伴随着 SAUR 基因的上调，并依赖于生长素和 PIFs；Favero 等报道了 LOV Kelch Protein 2（LKP2）的下胚轴延长表形伴随着 SAUR 基因的上调，并依赖于生长素和 PIF。Favero 等（2017）发现油菜素内酯和生长素处理都促进了 SAUR19 亚家族基因在下胚轴中的转录积累，阻断极性生长素运输可以减弱 SOB3 突变体对外源油菜素内酯的生长反应。此外，对拟南芥 SAUR 基因调节区的家族分析表明，与 ARF 结合的两个 AuxRE 元件的反向重复序列富含生长素诱导的 I 类 SAUR，以及 BZR 和 PIF5 结合基序。Niek Stortenbeker（2019）研究了发育、环境和时钟控制因素对 SAUR 基因的调控（图 1-2）。

综上所述，引种观察试验是地区发展切花月季产业重要的基础性科研工作。曾力等（2019）针对贵州贵阳地区引进的 6 种露地栽培的大花月季，采用灰色关联法对其性状进行评估鉴定。李玲莉等（2020）通过在重庆市引种 20 个月季品种进行花期和生长量观测，除了'莫扎特'品种之外，其他 19 个品种都能适应重庆市的气候条件。而寒地切花月季由于产业发展较晚，引种观察试验鲜有报道。在寒地月季生产中除了品种混乱的问题，还存在夏季短枝现象的产业瓶颈。众所周知，季节性气候对月季切花的影响在世界各地是普遍存在的。吴鹏夫等（2013）在云南以切花月季'卡罗拉'为材料，研究了不同季节切花月季的花枝品质及产量的差异。结果表明，在春秋两季，气温适宜，'卡罗拉'生长良好，花枝品质优，产量适中；在夏季高温环境下，'卡罗拉'以营养生长为主，产量较高，花枝直径和重量增加，花瓣数减少，花蕾变小。Blom 在加拿大、Mastalerz 在美国分别研究表明夏花的茎比冬花更短、更细，叶和花蕾更小，花瓣更少。众所周知，季节性气候主要因素是温度和光照，但哪个因素是主要影响因子，还是未知。科学家们存在争议，月季生产季节间差异可能是受温度或光照单因素影响，或两者共同作用。直到 1980 年以后，Blom 和

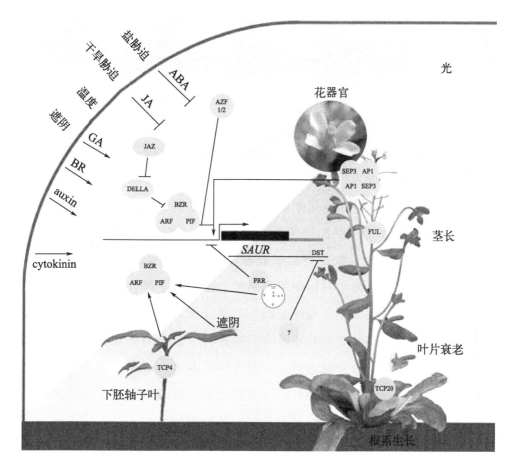

**图 1-2　发育、环境和时钟控制因素对 SAUR 基因的调控（Niek Stortenbeker，2019）**

注：图中标明了 SAUR 发挥作用的不同组织，以及一些上游组织特异性调节因子。环境信号通过激素传递。大多数通路聚集在 ARF-BZR-PIF 复合体水平，而其他通路直接作用于 SAUR 基因的上游区域或影响转录稳定性。黑线表示直接或间接地激活或压制。昼夜节律用时钟符号表示。

Mastalerz 研究表明光照是影响季节间月季花枝长度差异的主要环境因素。但只是从表形上进行了分析，没有从枝长的组成节数、节间长度进行深入研究，同时也没有从分子层面进行深入的探索。笔者的研究主要是两部分工作：①开展寒地切花月季引种鉴定试验；②探索了引起寒地切花月季夏季短枝现象的关键环境因子及调控机制。

# 第四节
## 研究切花月季夏季花枝发育的目的与意义

长期以来，黑龙江省由于夏季气候条件适宜，已经初步发展成为我国夏季月季切花主产区之一，可是由于存在品种混乱和夏季短枝现象，严重制约了产业发展，成为行业发展的瓶颈。笔者对此做了深入研究，目的是筛选切花月季品种寒地适应级别，探索光温对夏季短枝现象的影响。

研究是在月季品种资源搜集整理的基础上，在寒地夏秋季气候条件下，对夏季短枝现象，花部性状、花枝表形、品种成花力等因素进行统计，运用主成分分析方法对切花月季品种资源进行了综合评价，为寒地地区拓展月季切花品种奠定了理论基础。为了认识月季夏季短枝现象，笔者团队采用评价级别高的 2 个切花月季品种进行了夏秋两季观察试验，找到了研究夏季短枝现象的关键表形。分别开展了温度、光照长度、光照强度对关键表形的研究。通过表形测定、显微观察及转录组测序等手段初步解释了光照长度和光照强度影响夏季短枝现象的机制。为了进一步探索分子机制，对关键候选基因转化拟南芥开展功能验证，得到了可信的研究成果。这些研究结果让人们更深入地认识了寒地切花月季夏季短枝现象，为突破产业瓶颈奠定了可靠的理论基础，同时研究成果为生产中选择适宜寒地栽培的月季品种提供参考，这将大幅度提升寒地夏季月季切花的品质，有利于提高寒地夏季月季切花的市场竞争力。

第二章

# 切花月季品种的综合评价

# 第一节
# 切花月季品种选择与评价方法

## 一、切花月季品种的选择

从云南购进 22 个切花月季品种，包括'芬得拉''黑魔术''坦尼克''法国红''舞后''蜜糖''王威''影星''冷美人''卡罗拉''玛利亚''雪山''水蜜桃''双色粉''好莱坞''维西利亚''戴安娜''镭射''大桃红''紫罗兰''黄金时代'和'粉佳人'（表 2-1）。各品种生长状况良好，皆为一年生扦插苗。

表 2-1　植物材料

| 编号 | 中文名 | 拉丁名 |
| --- | --- | --- |
| 1 | 芬得拉 | *Rosa* 'Vendela' |
| 2 | 黑魔术 | *Rosa* 'Black magic' |
| 3 | 坦尼克 | *Rosa* 'Tineke' |
| 4 | 法国红 | *Rosa* 'Red france' |
| 5 | 舞后 | *Rosa* 'Wuhou' |
| 6 | 蜜糖 | *Rosa* 'Honey caramel' |
| 7 | 王威 | *Rosa* 'Royalty' |
| 8 | 影星 | *Rosa* 'Movie star' |
| 9 | 冷美人 | *Rosa* 'Cool water' |
| 10 | 卡罗拉 | *Rosa* 'Carola' |
| 11 | 玛利亚 | *Rosa* 'Maria callas' |

| 编号 | 中文名 | 拉丁名 |
|------|--------|--------|
| 12 | 雪山 | *Rosa* 'Avalanche' |
| 13 | 水蜜桃 | *Rosa* 'Fragrant lady' |
| 14 | 双色粉 | *Rosa* 'Verdi' |
| 15 | 好莱坞 | *Rosa* 'Hollywood' |
| 16 | 维西利亚 | *Rosa* 'Versilia' |
| 17 | 戴安娜 | *Rosa* 'Diana' |
| 18 | 镭射 | *Rosa* 'Ravel' |
| 19 | 大桃红 | *Rosa* 'Evening glow' |
| 20 | 紫罗兰 | *Rosa* 'veilchenblau' |
| 21 | 黄金时代 | *Rosa* 'Golden times' |
| 22 | 粉佳人 | *Rosa* 'Nirvana' |

采用正常田间管理如下。

### 1. 定植

栽培试验在东北农业大学园艺园林学院向阳基地塑料棚室内进行。2016 年 4 月每个品种定植 30 株。采用垄式栽培，垄宽 70cm，垄高 15cm，株距 15cm，行距 40cm。

### 2. 施肥

定植初期肥料以氮肥为主，现蕾期阶段加大磷、钾肥的供应，进入孕蕾开花期，补施叶面硼肥、钙肥。

### 3. 修剪

将 6 月上旬至 7 月下旬生产的切花定义为夏季切花；7 月下旬至 9 月中旬生产的切花定义为秋季切花。修剪方法：在从基部向上第三片五小叶进行修剪，每株种苗保留一个顶端腋芽，其余腋芽每周除一次。

## 二、切花月季品种表形调查方法

2016~2018 年连续调查三年。记录夏季切花的花形、花色、花瓣质地、花香、花径、花枝长度、花枝挺直度、生长势、品种成花力，在秋季测量花枝长度。共计 10 个性状指标。

花色、花形、花瓣质地、花香、花枝挺直度、生长势、品种成花力等 7 个形态指标，依据表 2-2 进行调查；花径、夏季枝长、秋季枝长等 3 个形态指标进行数据测量。每个性状调查 30 株。

### 表2-2　夏季切花月季形态特性调查指标

| 评价性状 | 分值 | | | |
|---|---|---|---|---|
| | 100 | 75 | 50 | 25 |
| 花色 | 花色鲜艳、润泽，开放过程中不褪色 | 花色鲜艳、润泽度较好，开放过程中略有褪色 | 花色鲜艳、润泽良好，开放过程中略有褪色 | 花色鲜艳、润泽良好，开放过程中褪色严重 |
| 花形 | 完整优美，花朵饱满、均匀，外层花瓣整齐 | 完整优美，花朵较饱满、均匀，外层花瓣较整齐 | 完整较优美，花朵不饱满、均匀，外层花瓣不太整齐 | 花朵不饱满、均匀，外层花瓣不整齐 |
| 花瓣质地 | 花瓣厚，有质感，绒光明显 | 花瓣较厚，略有质感，绒光较明显 | 花瓣薄，无质感，稍有绒光 | 花瓣薄，无质感，无绒光 |
| 花香 | 花香明显，浓香 | 花香较明显，芳香 | 花香不明显，微香 | 无香 |
| 花枝挺直度 | 花枝挺直，可支撑大花 | 支撑大花时，花枝稍弯 | 开花时花枝较弯 | 开花时花枝弯曲 |
| 生长势 | 植株强健，生长旺盛 | 植株较强健，生长较快 | 植株较小，长势一般 | 植株矮小、瘦弱，生长缓慢 |
| 品种成花力 | 花期开花勤，抽条频率高 | 花期开花较勤，抽条频率较高 | 花期开花较慢，抽条少 | 花期开花次数少，鲜有抽条 |

## 三、切花月季品种表形评价方法

花色、花瓣质地等 9 个性状指标三年的数据计算平均值，依据表 2-3 计算评分。夏季短枝现象依据夏秋季花枝长度三年的数据计算平均值，进行方差分析，得出显著差异。依据表 2-3 计算评分。

将 10 个性状三年的综合评分进行汇总，采用主成分分析方法（PCA），对供试切花品种开展综合评价，确定 22 个切花月季品种资源的建议推广级别。

表 2-3  夏季月季品种评价标准

| 评价性状 | 分值 | | | |
|---|---|---|---|---|
| | 100 | 75 | 50 | 25 |
| 夏季短枝现象 | 夏季较秋季花枝短，差异显著 | 夏季较秋季花枝短，差异不显著 | 夏季较秋季花枝无差异 | 夏季较秋季花枝长 |
| 花色（A） | $100 \geqslant A > 75$ | $75 \geqslant A > 50$ | $50 \geqslant A > 25$ | $25 \geqslant A > 0$ |
| 花形（B） | $100 \geqslant B > 75$ | $75 \geqslant B > 50$ | $50 \geqslant B > 25$ | $25 \geqslant B > 0$ |
| 花瓣质地（C） | $100 \geqslant C > 75$ | $75 \geqslant C > 50$ | $50 \geqslant C > 25$ | $25 \geqslant C > 0$ |
| 花香（D） | $100 \geqslant D > 75$ | $75 \geqslant D > 50$ | $50 \geqslant D > 25$ | $25 \geqslant D > 0$ |
| 花径（E） | $E \geqslant 8cm$ | $7cm \leqslant E < 8cm$ | $6cm \leqslant E < 7cm$ | $E < 6cm$ |
| 花枝长度（F） | $F \geqslant 65cm$ | $55cm \leqslant F < 65cm$ | $45cm \leqslant F < 55cm$ | $F < 45cm$ |
| 花枝挺直度（G） | $100 \geqslant G > 75$ | $75 \geqslant G > 50$ | $50 \geqslant G > 25$ | $25 \geqslant G > 0$ |
| 生长势（H） | $100 \geqslant H > 75$ | $75 \geqslant H > 50$ | $50 \geqslant H > 25$ | $25 \geqslant H > 0$ |
| 品种成花力（I） | $100 \geqslant I > 75$ | $75 \geqslant I > 50$ | $50 \geqslant I > 25$ | $25 \geqslant I > 0$ |

## 四、主成分数据分析

### 1. 基本概念

主成分分析（principal component analysis，PCA）是设法将原来众多比如 $p$ 个具有一定相关性指标，重新组合成一组新的互相无关的综合指标来代替原来的指标。

### 2. 基本思想

通过降维，将多个相互关联的数值指标转化为少数几个互不相关的综合指标，用较少的几个相互独立的指标来代替原来多个指标，既减少了指标个数，又能综合反映原指标的信息。主成分不再是原来的某个指标，而是原有指标的综合反映。

### 3. 数学原理

（1）对原有变量作坐标变换

$$z_1 = u_{11}x_1 + u_{21}x_2 + \cdots + u_{p_1}x_p$$

$$z_2 = u_{12}x_1 + u_{22}x_2 + \cdots + u_{p_2}x_p$$

$$\cdots\cdots$$

$$z_p = u_{1p}x_1 + u_{2p}x_2 + \cdots + u_{pp}x_p$$

（2）要求

$$u_{1k}^2 + u_{2k}^2 + \cdots + u_{pk}^2 = 1$$

$$\mathrm{var}(z_i) = U_i^2 D(x) = U_i' D(x) U_i$$

$$\mathrm{cov}(z_i, z_j) = U_i' D(x) U_j$$

如果 $z_1 = u_1' x$，满足

① $u_1' u_1 = 1$

② $\mathrm{var}(z_1) = \max \mathrm{var}(u'x)$，则称 $z_1$ 为 $x$ 的第一主成分。若 $z_1$ 不足以代表原变量所包含的信息，就考虑采用 $z_2$，$z_2$ 满足 $\mathrm{cov}(z_1, z_2) = 0$

③ $u_2' u_2 = 1$

④ $\mathrm{var}(z_2) = \max \mathrm{var}(U'X)$ ，$z_2$ 为第二主成分。

主成分方程中的系数向量 $U$ 恰好是原有变量协方差矩阵的特征向量，其特征根是主成分的方差。

### 4. 计算方法及过程

（1）建立原始数据资料矩阵。设有 $n$ 个样品，每个样品观测 $p$ 个指标：$X_1$，$X_2$，…，$X_p$，得到原始数据资料阵：

$$X = \begin{bmatrix} X_{11} & X_{12} & \cdots & X_{1p} \\ X_{21} & X_{22} & \cdots & X_{2p} \\ \cdots & \cdots & \ddots & \cdots \\ X_{n1} & X_{n2} & \cdots & X_{np} \end{bmatrix} \overset{\triangle}{=\!=} (X_1,\ X_2,\ \cdots,\ X_p) \text{。其中，} X_i = \begin{bmatrix} X_{1i} \\ X_{2i} \\ \vdots \\ X_{ni} \end{bmatrix} \text{。}$$

（2）将原始数据标准化。不同的变量往往有不同的量纲，由于不同的量纲会引起各变量取值的分散程度差异较大，为了消除由于量纲的不同可能带来的影响，常采用变量标准化的方法，即令 $X_i^* = \dfrac{X_i - \mu_i}{\sqrt{\sigma_{ii}}}$ $\quad i = 1$，$2, \cdots, p$。

（3）计算 $X^*$ 的相关系数矩阵 $R$。

（4）建立线性组合

$$\begin{cases} Y_1 \overset{\triangle}{=\!=} a_1'X = a_{11}X_1 + a_{21}X_2 + \cdots + a_{p1}X_p \\ Y_2 \overset{\triangle}{=\!=} a_2'X = a_{12}X_1 + a_{22}X_2 + \cdots + a_{p2}X_p \\ \qquad\qquad\qquad\qquad \vdots \\ Y_p \overset{\triangle}{=\!=} a_p'X = a_{1p}X_1 + a_{2p}X_2 + \cdots + a_{pp}X_p \end{cases}$$

简记为 $Y_i \overset{\triangle}{=\!=} a_i'X = a_{1i}X_1 + a_{2i}X_2 + \cdots + a_{pi}X_p$ $(i = 1,\ 2,\ \cdots,\ p)$。

（5）求相关系数矩阵 $R$ 的特征根 $\lambda_1 \geqslant \lambda_2 \geqslant \cdots \geqslant \lambda_p > 0$ 及相应的单位正交特征向量 $U_1$，$U_2$，…，$U_p$；

（6）计算方差累积贡献率，确定主成分的个数 $q$，保留特征值大于 1

的那些主成分。

第 $i$ 个主成分的贡献为 $\alpha_i = \dfrac{\lambda_i}{\sum\limits_{i=1}^{p} \lambda_i}$，这个值越大，表明第 $i$ 主成分综

合信息的能力越强。前 $m$ 个主成分的累积贡献为 $\sum \dfrac{\lambda_i}{\sum \lambda_i}$，这个值越

大，表明第 $i$ 主成分综合信息的能力越强。

（7）写出主成分 $F = X^* U$，解释主成分。

# 第二节
# 切花月季品种花部观赏性评价

对 22 个月季品种资源的夏季花部性状进行调查，得出花色、花瓣质地、花香统计数据。计算三年数据的平均值进行评价。

表 2-4　花色、花瓣质地、花香性状评价

| 品种 | 花色 | | | | 花瓣质地 | | | | 花香 | | | |
|---|---|---|---|---|---|---|---|---|---|---|---|---|
| | 2016 年 | 2017 年 | 2018 年 | 评价 | 2016 年 | 2017 年 | 2018 年 | 评价 | 2016 年 | 2017 年 | 2018 年 | 评价 |
| 芬得拉 | 66.67 | 73.33 | 56.67 | 75 | 45.00 | 40.00 | 37.50 | 50 | 25.00 | 25.00 | 25.00 | 25 |
| 黑魔术 | 69.17 | 70.00 | 57.50 | 75 | 82.50 | 78.30 | 75.83 | 100 | 77.50 | 80.83 | 75.83 | 100 |
| 舞后 | 50.00 | 46.67 | 39.17 | 50 | 72.50 | 60.00 | 57.50 | 75 | 78.33 | 79.17 | 76.67 | 100 |
| 蜜糖 | 70.83 | 85.00 | 60.00 | 75 | 66.67 | 63.33 | 71.67 | 75 | 36.67 | 35.00 | 28.33 | 50 |
| 王威 | 75.00 | 71.67 | 59.17 | 75 | 72.50 | 56.67 | 70.83 | 75 | 76.67 | 80.00 | 77.50 | 100 |
| 影星 | 74.17 | 67.50 | 64.17 | 75 | 61.67 | 60.83 | 67.50 | 75 | 73.33 | 72.50 | 65.00 | 75 |
| 冷美人 | 75.00 | 63.33 | 68.33 | 75 | 54.17 | 55.83 | 66.67 | 75 | 39.17 | 35.83 | 33.33 | 50 |
| 坦尼克 | 70.00 | 82.50 | 61.67 | 75 | 38.33 | 36.67 | 35.83 | 50 | 72.50 | 77.50 | 79.17 | 100 |

| 品种 | 花色 | | | | 花瓣质地 | | | | 花香 | | | |
|---|---|---|---|---|---|---|---|---|---|---|---|---|
| | 2016 年 | 2017 年 | 2018 年 | 评价 | 2016 年 | 2017 年 | 2018 年 | 评价 | 2016 年 | 2017 年 | 2018 年 | 评价 |
| 卡罗拉 | 73.33 | 65.83 | 73.33 | 75 | 68.33 | 61.67 | 70.00 | 75 | 30.83 | 33.33 | 34.17 | 50 |
| 玛利亚 | 77.50 | 55.83 | 63.33 | 75 | 42.50 | 32.50 | 38.33 | 50 | 32.50 | 34.17 | 36.67 | 50 |
| 雪山 | 90.00 | 84.17 | 80.83 | 100 | 66.67 | 64.17 | 64.17 | 75 | 25.00 | 25.00 | 25.00 | 25 |
| 水蜜桃 | 71.67 | 70.83 | 57.50 | 75 | 43.33 | 40.00 | 37.50 | 50 | 34.17 | 31.67 | 30.83 | 50 |
| 双色粉 | 86.67 | 90.83 | 81.67 | 100 | 69.17 | 58.33 | 65.83 | 75 | 75.00 | 71.67 | 77.50 | 75 |
| 好莱坞 | 61.67 | 74.17 | 58.33 | 75 | 80.83 | 85.83 | 77.50 | 100 | 35.00 | 33.33 | 25.83 | 50 |
| 维西利亚 | 65.83 | 75.00 | 57.50 | 75 | 81.67 | 79.17 | 83.33 | 100 | 31.67 | 27.50 | 29.17 | 50 |
| 法国红 | 44.17 | 49.17 | 38.33 | 50 | 62.50 | 62.50 | 67.50 | 75 | 25.00 | 25.00 | 25.00 | 25 |
| 戴安娜 | 67.50 | 72.50 | 65.00 | 75 | 71.67 | 65.00 | 72.50 | 75 | 30.00 | 26.67 | 30.00 | 50 |
| 镭射 | 84.17 | 80.00 | 82.50 | 100 | 67.50 | 70.83 | 62.50 | 75 | 33.33 | 30.00 | 29.17 | 50 |
| 大桃红 | 78.33 | 89.17 | 80.83 | 100 | 70.00 | 70.00 | 63.33 | 75 | 75.83 | 75.83 | 78.33 | 100 |

| 品种 | 花色 | | | | 花瓣质地 | | | | 花香 | | | |
|---|---|---|---|---|---|---|---|---|---|---|---|---|
| | 2016 年 | 2017 年 | 2018 年 | 评价 | 2016 年 | 2017 年 | 2018 年 | 评价 | 2016 年 | 2017 年 | 2018 年 | 评价 |
| 紫罗兰 | 69.17 | 83.33 | 77.50 | 100 | 84.17 | 75.00 | 80.83 | 100 | 41.67 | 28.33 | 43.33 | 50 |
| 黄金时代 | 68.33 | 68.33 | 74.17 | 75 | 73.33 | 64.17 | 60.00 | 75 | 32.50 | 30.83 | 30.00 | 50 |
| 粉佳人 | 75.00 | 74.17 | 65.83 | 75 | 74.17 | 60.00 | 58.33 | 75 | 27.50 | 32.50 | 32.50 | 50 |

由表 2-4 得知，花色评价中，月季品种'雪山''双色粉''镭射''大桃红''紫罗兰'评价指标最高；花瓣质地评价中，月季品种'黑魔术''好莱坞''维西利亚''紫罗兰'评价指标最高；花香评价中，月季品种'黑魔术''舞后''王威''坦尼克''大桃红'评价指标最高。

对 22 个月季品种资源的夏季花部性状进行调查，得出花形、花径统计数据。计算三年数据的平均值进行评价。

表 2-5　花形、花径性状评价

| 品种 | 花形 | | | | 花径 | | | |
|---|---|---|---|---|---|---|---|---|
| | 2016 年 | 2017 年 | 2018 年 | 评价 | 2016 年（cm） | 2017 年（cm） | 2018 年（cm） | 评价 |
| 芬得拉 | 70.00 | 73.33 | 73.33 | 75 | 8.90 | 8.14 | 8.22 | 100 |
| 黑魔术 | 89.17 | 78.33 | 81.67 | 100 | 9.10 | 8.82 | 8.98 | 100 |
| 舞后 | 68.33 | 71.67 | 67.50 | 75 | 6.15 | 6.54 | 6.58 | 50 |
| 蜜糖 | 67.50 | 68.33 | 67.50 | 75 | 6.32 | 6.36 | 6.85 | 50 |
| 王威 | 95.00 | 88.33 | 78.33 | 100 | 6.45 | 6.18 | 6.02 | 50 |
| 影星 | 99.17 | 90.00 | 79.17 | 100 | 8.54 | 8.72 | 9.38 | 100 |
| 冷美人 | 94.17 | 85.83 | 80.00 | 100 | 9.23 | 9.51 | 9.01 | 100 |

| 品种 | 花形 | | | | 花径 | | | |
|---|---|---|---|---|---|---|---|---|
| | 2016 年 | 2017 年 | 2018 年 | 评价 | 2016 年（cm） | 2017 年（cm） | 2018 年（cm） | 评价 |
| 坦尼克 | 82.50 | 96.67 | 80.00 | 100 | 7.21 | 7.09 | 7.73 | 75 |
| 卡罗拉 | 96.67 | 95.00 | 82.50 | 100 | 7.52 | 7.43 | 7.67 | 75 |
| 玛利亚 | 88.33 | 90.00 | 87.50 | 100 | 5.43 | 5.33 | 5.14 | 25 |
| 雪山 | 95.83 | 89.17 | 81.67 | 100 | 7.34 | 7.77 | 7.91 | 75 |
| 水蜜桃 | 91.67 | 85.00 | 84.17 | 100 | 7.56 | 7.22 | 7.82 | 75 |
| 双色粉 | 96.67 | 92.50 | 79.17 | 100 | 7.67 | 7.29 | 7.02 | 75 |
| 好莱坞 | 100.00 | 94.17 | 87.50 | 100 | 7.81 | 7.38 | 7.48 | 75 |
| 维西利亚 | 90.83 | 91.67 | 90.00 | 100 | 7.19 | 7.05 | 7.36 | 75 |
| 法国红 | 96.67 | 90.00 | 79.17 | 100 | 6.23 | 6.09 | 6.58 | 50 |
| 戴安娜 | 97.50 | 92.50 | 86.67 | 100 | 6.35 | 6.81 | 6.45 | 50 |
| 镭射 | 97.50 | 99.17 | 81.67 | 100 | 6.67 | 6.77 | 6.87 | 50 |
| 大桃红 | 86.67 | 97.50 | 100.00 | 100 | 7.30 | 7.09 | 7.53 | 75 |
| 紫罗兰 | 97.50 | 94.17 | 76.67 | 100 | 8.52 | 8.08 | 8.35 | 100 |
| 黄金时代 | 98.33 | 95.83 | 84.17 | 100 | 8.61 | 9.06 | 8.98 | 100 |
| 粉佳人 | 95.83 | 96.67 | 77.5 | 100 | 6.81 | 6.59 | 6.79 | 50 |

由表2-5得知，花形评价中，多数品种能保持较好花形，只有'芬得拉''舞后''蜜糖'相对较差。花径评价中，月季品种'芬得拉''黑魔术''影星''冷美人''紫罗兰''黄金时代'评价指标最高。

# 第三节
## 切花月季品种花枝商品性评价

　　笔者团队对 22 个月季品种资源的花枝性状进行了三年的调查，得到夏季花枝长度、秋季花枝长度和夏季花枝挺直度的数据。利用表 2-2 评价指标中花枝长度的标准，对夏季花枝长度进行评价，结果显示，夏季品种间花枝长度差异较大，'黑魔术''舞后'等 6 个品种表现较好（表 2-6）。将夏、秋两季花枝长度三年的数据进行显著性分析（图 2-1），依据表 2-2 评价月季品种资源夏季短枝现象。结果显示，夏季短枝现象在品种间是普遍存在的。切花月季品种夏季花枝挺直度数据统计（表 2-7）显示，花枝挺直度品种间差异较小。

表 2-6　夏季短枝现象评价

| 品种 | 花枝长度/cm | | | | | | | | 夏季短枝现象评价 |
| | 夏季 | | | | 秋季 | | | | |
| | 2016 年 | 2017 年 | 2018 年 | 均值 | 2016 年 | 2017 年 | 2018 年 | 均值 | |
|---|---|---|---|---|---|---|---|---|---|
| 芬得拉 | 64.8 | 68.6 | 67.1 | 66.8 | 69.5 | 70.5 | 71.6 | 70.5 | 100 |
| 黑魔术 | 65.2 | 66.7 | 64.5 | 65.5 | 68.7 | 72.2 | 69.3 | 70.1 | 100 |
| 舞后 | 64.3 | 68.1 | 64.3 | 65.6 | 71.2 | 68.5 | 70.2 | 70.0 | 100 |
| 蜜糖 | 63.7 | 69.1 | 62.7 | 65.2 | 71.3 | 72.6 | 78.9 | 74.3 | 100 |
| 王威 | 63.2 | 67.2 | 66.9 | 65.8 | 70.3 | 69.8 | 71.2 | 70.4 | 100 |
| 影星 | 44.2 | 46.2 | 43.5 | 44.6 | 53.2 | 54.2 | 51.6 | 53.0 | 100 |
| 冷美人 | 38.6 | 39.5 | 42.1 | 40.1 | 48.5 | 45.4 | 44.3 | 46.1 | 100 |
| 坦尼克 | 49.6 | 52.6 | 51.6 | 51.3 | 58.6 | 60.2 | 61.3 | 60.0 | 100 |
| 卡罗拉 | 69.6 | 64.2 | 65.4 | 66.4 | 76.6 | 71.4 | 72.2 | 73.4 | 100 |

| 品种 | 花枝长度/cm | | | | | | | | 夏季短枝现象评价 |
| --- | --- | --- | --- | --- | --- | --- | --- | --- | --- |
| | 夏季 | | | | 秋季 | | | | |
| | 2016 年 | 2017 年 | 2018 年 | 均值 | 2016 年 | 2017 年 | 2018 年 | 均值 | |
| 玛利亚 | 55.5 | 58.6 | 59.2 | 57.8 | 64.3 | 60.9 | 62.3 | 62.5 | 100 |
| 雪山 | 45.8 | 49.3 | 47.8 | 47.6 | 56.3 | 59.2 | 58.0 | 57.8 | 100 |
| 水蜜桃 | 55.8 | 57.2 | 56.0 | 56.3 | 54.2 | 58.8 | 55.7 | 56.2 | 50 |
| 双色粉 | 35.8 | 38.6 | 39.4 | 37.9 | 45.2 | 42.3 | 41.9 | 43.1 | 100 |
| 好莱坞 | 55.4 | 56.8 | 58.1 | 56.8 | 60.2 | 61.3 | 59.6 | 60.4 | 100 |
| 维西利亚 | 58.3 | 57.4 | 52.8 | 56.2 | 62.3 | 65.4 | 66.6 | 64.8 | 100 |
| 法国红 | 45.9 | 48.4 | 47.6 | 47.3 | 52.4 | 49.4 | 53.1 | 51.6 | 100 |
| 戴安娜 | 40.6 | 42.3 | 38.7 | 40.5 | 48.2 | 50.3 | 47.8 | 48.8 | 100 |
| 镭射 | 47.6 | 45.5 | 46.3 | 46.5 | 50.6 | 51.2 | 48.2 | 50.0 | 100 |
| 大桃红 | 64.2 | 63.7 | 67.9 | 65.3 | 70.2 | 71.3 | 68.5 | 70.0 | 100 |
| 紫罗兰 | 33.5 | 36.5 | 37.2 | 35.7 | 39.6 | 40.2 | 38.4 | 39.4 | 100 |
| 黄金时代 | 32.8 | 29.6 | 31.3 | 31.2 | 38.7 | 37.5 | 36.3 | 37.5 | 100 |
| 粉佳人 | 45.2 | 44.7 | 48.3 | 46.1 | 50.3 | 50.9 | 49.0 | 50.1 | 100 |

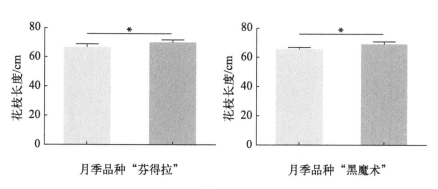

图 2-1

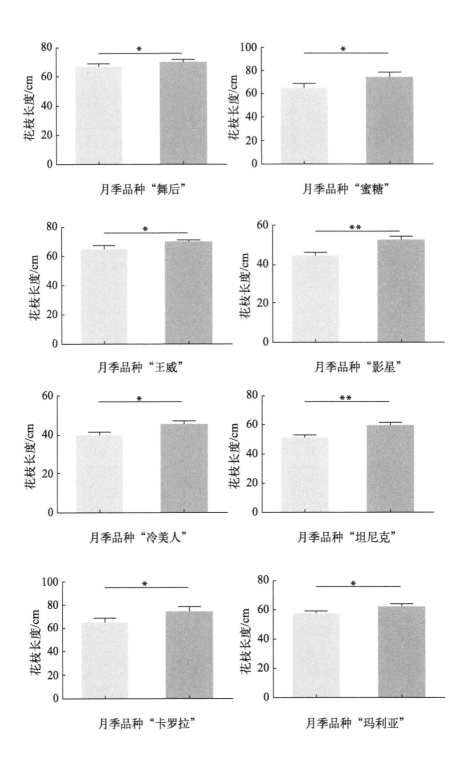

月季品种"舞后"

月季品种"蜜糖"

月季品种"王威"

月季品种"影星"

月季品种"冷美人"

月季品种"坦尼克"

月季品种"卡罗拉"

月季品种"玛利亚"

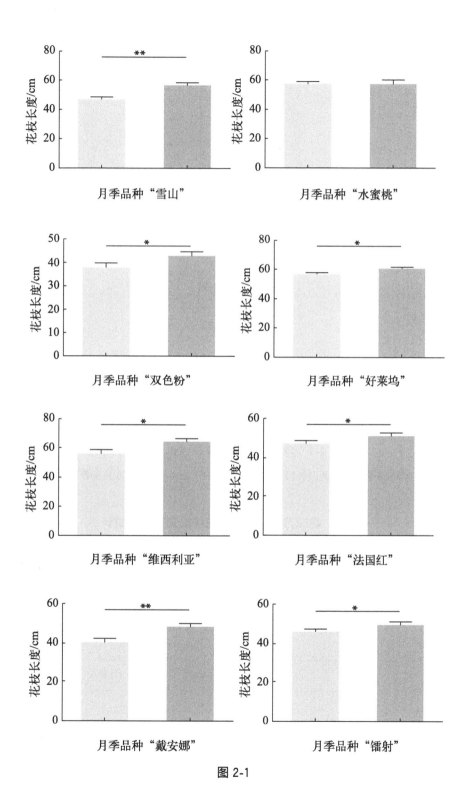

图 2-1

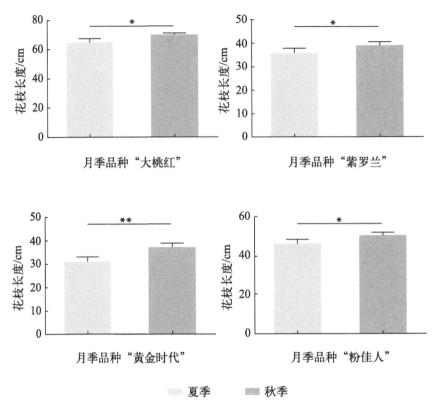

图 2-1　月季品种夏秋季花枝长度比较

注：* 在 0.05 水平差异显著（0.01＜$P$＜0.05），** 在 0.01 水平差异显著（$P$＜0.01）。

表 2-7　切花月季品种夏季花枝挺直度数据统计

| 品种 | 花枝挺直度 | | | | |
|---|---|---|---|---|---|
| | 2016 年 | 2017 年 | 2018 年 | 均值 | 评价 |
| 芬得拉 | 83.3 | 80.8 | 77.5 | 80.5 | 100 |
| 黑魔术 | 88.3 | 87.5 | 82.5 | 86.1 | 100 |
| 舞后 | 77.5 | 83.3 | 83.3 | 81.4 | 100 |
| 蜜糖 | 46.7 | 45.8 | 40.8 | 44.4 | 50 |
| 王威 | 70.0 | 61.7 | 55.0 | 62.2 | 75 |
| 影星 | 44.2 | 45.0 | 44.2 | 44.5 | 50 |

| 品种 | 花枝挺直度 | | | | |
|---|---|---|---|---|---|
| | 2016 年 | 2017 年 | 2018 年 | 均值 | 评价 |
| 冷美人 | 80.8 | 81.7 | 79.2 | 80.6 | 100 |
| 坦尼克 | 82.5 | 85.8 | 76.7 | 81.7 | 100 |
| 卡罗拉 | 79.2 | 76.7 | 85.8 | 80.6 | 100 |
| 玛利亚 | 70.8 | 65.8 | 72.5 | 69.7 | 75 |
| 雪山 | 80.0 | 80.0 | 78.3 | 79.4 | 100 |
| 水蜜桃 | 77.5 | 84.2 | 84.2 | 82.0 | 100 |
| 双色粉 | 82.5 | 82.5 | 80.8 | 81.9 | 100 |
| 好莱坞 | 83.3 | 85.0 | 85.8 | 84.7 | 100 |
| 维西利亚 | 85.0 | 80.8 | 78.3 | 81.4 | 100 |
| 法国红 | 65.8 | 71.7 | 68.3 | 68.6 | 75 |
| 戴安娜 | 83.3 | 79.2 | 79.2 | 80.6 | 100 |
| 镭射 | 79.2 | 80.8 | 78.3 | 79.4 | 100 |
| 大桃红 | 80.8 | 79.2 | 85.0 | 81.7 | 100 |
| 紫罗兰 | 43.3 | 40.0 | 43.3 | 42.2 | 50 |
| 黄金时代 | 40.8 | 42.5 | 40.0 | 41.1 | 50 |
| 粉佳人 | 46.7 | 37.5 | 39.2 | 41.1 | 50 |

# 第四节
## 切花月季品种生长势和成花力评价

对 22 个月季品种资源 2016 年至 2018 年的夏季生长势和品种成花力进行调查，得到生长势、品种成花力统计数据。依据表 2-2 指标，对 22 个月季品种资源的生长势和品种成花力进行评价（表 2-8）。其中生长势评价中，月季品种'芬得拉''舞后''坦尼克''卡罗拉''好莱坞''戴安娜''镭射''大桃红'评分 100；月季品种'黑魔术''王威''冷美人''雪山''粉佳人'评分 75；月季品种'蜜糖''影星''玛利亚''水蜜桃''双色粉''维西利亚''法国红'评分 50；月季品种'紫罗兰''黄金时代'评分 25。成花力评价中，月季品种'坦尼克''卡罗拉''大桃红'评分 100；月季品种'芬得拉''黑魔术''舞后''王威''冷美人''雪山''好莱坞''维西利亚''粉佳人'评分 75；月季品种'蜜糖''影星''玛利亚''水蜜桃''双色粉''法国红''戴安娜''镭射''紫罗兰''黄金时代'评分 50。结果表明寒地'卡罗拉'和'大桃红'的年生长势和品种成花力较好。

表 2-8 切花月季品种夏季生长势、品种成花力

| 品种 | 生长势 | | | | 品种成花力 | | | |
|---|---|---|---|---|---|---|---|---|
| | 2016 年 | 2017 年 | 2018 年 | 评价 | 2016 年 | 2017 年 | 2018 年 | 评价 |
| 芬得拉 | 77.5 | 75.8 | 79.2 | 100 | 62.5 | 61.7 | 60.8 | 75 |
| 黑魔术 | 65.8 | 63.3 | 58.3 | 75 | 55.8 | 56.7 | 60.0 | 75 |
| 舞后 | 76.7 | 80.0 | 76.7 | 100 | 54.2 | 66.7 | 55.8 | 75 |
| 蜜糖 | 44.2 | 41.7 | 43.3 | 50 | 40.8 | 37.5 | 40.0 | 50 |
| 王威 | 51.7 | 60.8 | 74.2 | 75 | 61.7 | 65.8 | 63.3 | 75 |
| 影星 | 43.3 | 43.3 | 45.8 | 50 | 42.5 | 40.0 | 37.5 | 50 |

| 品种 | 生长势 | | | | 品种成花力 | | | |
|------|--------|--------|--------|------|-----------|--------|--------|------|
| | 2016 年 | 2017 年 | 2018 年 | 评价 | 2016 年 | 2017 年 | 2018 年 | 评价 |
| 冷美人 | 59.2 | 57.5 | 73.3 | 75 | 59.2 | 60.0 | 63.3 | 75 |
| 坦尼克 | 78.3 | 82.5 | 79.2 | 100 | 76.7 | 78.3 | 78.3 | 100 |
| 卡罗拉 | 85.0 | 81.7 | 80.8 | 100 | 78.3 | 81.7 | 81.7 | 100 |
| 玛利亚 | 42.5 | 41.7 | 35.0 | 50 | 37.5 | 40.8 | 40.8 | 50 |
| 雪山 | 62.5 | 45.8 | 65.8 | 75 | 61.7 | 58.3 | 62.5 | 75 |
| 水蜜桃 | 43.3 | 39.2 | 40.8 | 50 | 38.3 | 35.0 | 38.3 | 50 |
| 双色粉 | 46.7 | 37.5 | 34.2 | 50 | 44.2 | 33.3 | 32.5 | 50 |
| 好莱坞 | 79.2 | 77.5 | 78.3 | 100 | 62.5 | 63.3 | 60.8 | 75 |
| 维西利亚 | 44.2 | 36.7 | 37.5 | 50 | 60.8 | 68.3 | 65.0 | 75 |
| 法国红 | 38.3 | 37.5 | 33.3 | 50 | 39.2 | 47.5 | 45.0 | 50 |
| 戴安娜 | 77.5 | 75.8 | 76.7 | 100 | 40.0 | 31.7 | 35.8 | 50 |
| 镭射 | 76.7 | 76.7 | 80.0 | 100 | 36.7 | 35.0 | 34.2 | 50 |
| 大桃红 | 83.3 | 80.8 | 81.7 | 100 | 83.3 | 85.8 | 85.8 | 100 |
| 紫罗兰 | 25.0 | 25.0 | 25.0 | 25 | 35.8 | 35.0 | 31.7 | 50 |
| 黄金时代 | 25.0 | 25.0 | 25.0 | 25 | 40.8 | 30.8 | 35.0 | 50 |
| 粉佳人 | 60.0 | 65.8 | 63.3 | 75 | 55.0 | 52.5 | 60.8 | 75 |

# 第五节
## 切花月季品种综合评价及筛选

笔者团队将 10 个性状的打分进行统计（表 2-9），先利用主成分分析设法将原来指标重新组合成一组新的互相无关的几个综合指标来代替原来指标。根据实际需要从中取几个较少的综合指标尽可能多地反映原来指标的信息。

表 2-9　品种综合评价

| 品种 | 表形性状 | | | | | | | | | |
| --- | --- | --- | --- | --- | --- | --- | --- | --- | --- | --- |
| | 夏季短枝现象 $X_1$ | 花色 $X_2$ | 花瓣质地 $X_3$ | 花香 $X_4$ | 花径 $X_5$ | 夏季花枝长度 $X_6$ | 花枝挺直度 $X_7$ | 生长势 $X_8$ | 品种成花力 $X_9$ | 花形 $X_{10}$ |
| 芬得拉 | 100 | 75 | 50 | 25 | 100 | 75 | 100 | 100 | 75 | 75 |
| 黑魔术 | 100 | 75 | 100 | 100 | 100 | 100 | 100 | 75 | 75 | 100 |
| 舞后 | 100 | 50 | 75 | 100 | 50 | 50 | 100 | 100 | 75 | 75 |
| 蜜糖 | 100 | 75 | 75 | 50 | 50 | 100 | 50 | 50 | 50 | 75 |
| 王威 | 100 | 75 | 75 | 100 | 50 | 100 | 75 | 75 | 75 | 100 |
| 影星 | 100 | 75 | 75 | 75 | 100 | 25 | 50 | 50 | 50 | 100 |
| 冷美人 | 100 | 75 | 75 | 50 | 100 | 25 | 100 | 75 | 75 | 100 |
| 坦尼克 | 100 | 75 | 50 | 100 | 75 | 50 | 100 | 100 | 100 | 100 |
| 卡罗拉 | 100 | 75 | 75 | 50 | 75 | 100 | 100 | 100 | 100 | 100 |
| 玛利亚 | 100 | 75 | 50 | 25 | 75 | 75 | 75 | 50 | 50 | 75 |
| 雪山 | 100 | 100 | 75 | 25 | 75 | 50 | 75 | 75 | 75 | 100 |
| 水蜜桃 | 50 | 75 | 50 | 50 | 75 | 75 | 100 | 50 | 50 | 100 |

| 品种 | 表形性状 | | | | | | | | | |
|------|---------|---|---|---|---|---|---|---|---|---|
| | 夏季短枝现象 $X_1$ | 花色 $X_2$ | 花瓣质地 $X_3$ | 花香 $X_4$ | 花径 $X_5$ | 夏季花枝长度 $X_6$ | 花枝挺直度 $X_7$ | 生长势 $X_8$ | 品种成花力 $X_9$ | 花形 $X_{10}$ |
| 双色粉 | 100 | 100 | 75 | 75 | 75 | 25 | 100 | 50 | 50 | 100 |
| 好莱坞 | 100 | 75 | 100 | 50 | 75 | 75 | 100 | 100 | 75 | 100 |
| 维西利亚 | 100 | 75 | 100 | 50 | 75 | 75 | 100 | 50 | 75 | 100 |
| 法国红 | 100 | 50 | 75 | 25 | 50 | 50 | 75 | 50 | 50 | 100 |
| 戴安娜 | 100 | 75 | 75 | 50 | 50 | 25 | 100 | 100 | 50 | 100 |
| 镭射 | 100 | 100 | 75 | 50 | 50 | 50 | 100 | 100 | 50 | 100 |
| 大桃红 | 100 | 100 | 75 | 100 | 75 | 100 | 100 | 100 | 100 | 100 |
| 紫罗兰 | 100 | 100 | 100 | 50 | 100 | 25 | 50 | 25 | 50 | 100 |
| 黄金时代 | 100 | 75 | 75 | 50 | 100 | 25 | 50 | 25 | 50 | 100 |
| 粉佳人 | 100 | 75 | 75 | 50 | 50 | 50 | 50 | 75 | 75 | 100 |

取前四个主成分，进行解释的总方差见表 2-10 和图 2-2 碎石图，表 2-11 为成分矩阵，利用成分矩阵计算出特征向量，相应的单位正交特征向量见表 2-12。

### 表 2-10　解释的总方差

| 成分 | 初始特征值 | | | 提取平方和载入 | | |
|------|-----------|---|---|--------------|---|---|
| | 合计 | 方差的/% | 累积/% | 合计 | 方差的/% | 累积/% |
| 1 | 2.725 | 27.253 | 27.253 | 2.725 | 27.253 | 27.253 |
| 2 | 1.808 | 18.083 | 45.336 | 1.808 | 18.083 | 45.336 |
| 3 | 1.374 | 13.738 | 59.074 | 1.374 | 13.738 | 59.074 |

| 成分 | 初始特征值 | | | 提取平方和载入 | | |
|---|---|---|---|---|---|---|
| | 合计 | 方差的/% | 累积/% | 合计 | 方差的/% | 累积/% |
| 4 | 0.993 | 9.934 | 69.008 | 0.993 | 9.934 | 69.008 |
| 5 | 0.928 | 9.279 | 78.287 | | | |
| 6 | 0.727 | 7.269 | 85.556 | | | |
| 7 | 0.673 | 6.728 | 92.285 | | | |
| 8 | 0.473 | 4.731 | 97.015 | | | |
| 9 | 0.203 | 2.027 | 99.043 | | | |
| 10 | 0.096 | 0.957 | 100.000 | | | |

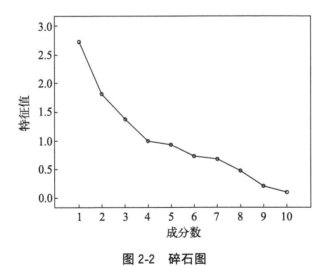

图 2-2　碎石图

表 2-11　成分矩阵

| 指标 | 成分 | | | |
|---|---|---|---|---|
| | 1 | 2 | 3 | 4 |
| 夏季短枝现象 | 0.097 | 0.357 | 0.711 | −0.527 |

| 指标 | 成分 | | | |
|---|---|---|---|---|
| | 1 | 2 | 3 | 4 |
| 花色 | −0.203 | 0.612 | −0.311 | −0.163 |
| 花瓣质地 | −0.151 | 0.577 | 0.528 | 0.123 |
| 花香 | 0.478 | 0.246 | 0.216 | 0.517 |
| 花径 | −0.198 | 0.560 | −0.083 | 0.378 |
| 花枝长度 | 0.720 | −0.270 | 0.208 | 0.323 |
| 花枝挺直度 | 0.657 | 0.219 | −0.508 | −0.146 |
| 生长势 | 0.847 | 0.115 | −0.127 | −0.365 |
| 品种成花力 | 0.790 | 0.376 | 0.016 | 0.058 |
| 花形 | −0.306 | 0.569 | −0.349 | 0.032 |

表 2-12　单位正交特征向量

| $u_1$ | $u_2$ | $u_3$ | $u_4$ |
|---|---|---|---|
| 0.06 | 0.27 | 0.61 | −0.53 |
| −0.12 | 0.45 | −0.27 | −0.16 |
| −0.09 | 0.43 | 0.45 | 0.12 |
| 0.29 | 0.18 | 0.18 | 0.52 |
| −0.12 | 0.42 | −0.07 | 0.38 |
| 0.44 | −0.2 | 0.18 | 0.32 |
| 0.4 | 0.16 | −0.43 | −0.15 |
| 0.51 | 0.09 | −0.11 | −0.37 |
| 0.48 | 0.28 | 0.01 | 0.06 |
| −0.19 | 0.42 | −0.3 | 0.03 |

可以得到主成分模型

$$Y_1 = 0.097X_1 - 0.203X_2 - 0.151X_3 + 0.478X_4 - 0.198X_5 + 0.720X_6 + 0.657X_7 + 0.847X_8 + 0.790X_9 - 0.306X_{10}$$

$$Y_2 = 0.357X_1 + 0.612X_2 + 0.577X_3 + 0.246X_4 + 0.560X_5 - 0.270X_6 + 0.219X_7 + 0.115X_8 + 0.376X_9 + 0.569X_{10}$$

$$Y_3 = 0.711X_1 - 0.311X_2 + 0.528X_3 + 0.216X_4 - 0.083X_5 + 0.208X_6 - 0.508X_7 - 0.127X_8 + 0.016X_9 - 0.349X_{10}$$

$$Y_4 = -0.527X_1 - 0.163X_2 + 0.123X_3 + 0.517X_4 + 0.378X_5 + 0.323X_6 - 0.146X_7 - 0.365X_8 + 0.058X_9 + 0.032X_{10}$$

因此继续采用因子分析方法，对主成分进行旋转，力求找到具体评价标准。

总体因子模型

$$\begin{cases} X_1 = a_{11}F_1 + a_{12}F_2 + \cdots + a_{1m}F_m + \varepsilon_1 \\ X_2 = a_{21}F_1 + a_{22}F_2 + \cdots + a_{2m}F_m + \varepsilon_2 \\ \vdots \\ X_p = a_{p1}F_1 + a_{p2}F_2 + \cdots + a_{pm}F_m + \varepsilon_p \end{cases}$$

用矩阵表示：

$$\begin{bmatrix} X_1 \\ X_2 \\ \vdots \\ X_p \end{bmatrix} = \begin{bmatrix} a_{11} & a_{12} & \cdots & a_{1m} \\ a_{21} & a_{22} & \cdots & a_{2m} \\ \cdots & \cdots & \ddots & \cdots \\ a_{p1} & a_{p2} & \cdots & a_{pm} \end{bmatrix} \begin{bmatrix} F_1 \\ F_2 \\ \vdots \\ F_m \end{bmatrix} + \begin{bmatrix} \varepsilon_1 \\ \varepsilon_2 \\ \vdots \\ \varepsilon_p \end{bmatrix}$$

简记为：

$$X_{p\times1} = A_{p\times m}F_{m\times1} + \varepsilon_{p\times1} \text{ 或 } X_i = \sum_{j-1}^{m} A_{ij}F_j + \varepsilon_i \ (i = 1, 2, \cdots, p)$$

满足条件：

① $m \leqslant p$；

② $EX = 0$；

③ $EF = 0$，$D(F) = I_m$，即 $F_1$，$F_2$，$\cdots$，$F_m$ 不相关且方差均为1；

④ $E\varepsilon = 0$，$D(\varepsilon) = diag(\sigma_1^2, \sigma_2^2, \cdots, \sigma_p^2)$，即 $\varepsilon_1$，$\varepsilon_2$，$\cdots$，$\varepsilon_p$ 不相关

且方差不同；

⑤ $Cov（F，\varepsilon）=0$，即 $F$ 与 $\varepsilon$ 不相关。

建立因子分析数学模型不仅要找出公共因子以及对变量进行分组，更重要的是要知道每个公共因子的意义。为此需要考察各个变量在公共因子上的载荷，绝对值越大的代表关系越密切。为了避免相关不大不好解释，需通过坐标旋转，使因子载荷在新的坐标中能按 0 或 1 两极分化，以便得到一个简化结构。笔者采用主成分方法进行旋转。

因子分析的基本步骤：

步骤 1：将原始数据标准化（按列进行）；

步骤 2：建立变量的相关系数矩阵 $R = \dfrac{1}{n}\sum\limits_{k=1}^{n} x_{ki}x_{kj}$ ，样品相似系数

$$Q = \frac{\sum\limits_{k=1}^{p} x_{ik}x_{jk}}{\sqrt{\sum\limits_{k=1}^{p} x_{ik}^{2}}\sqrt{\sum\limits_{k=1}^{p} x_{jk}^{2}}} \; ;$$

步骤 3：求 $R$ 的特征根及相应的单位特征向量，分别记为 $\lambda_1 \geqslant \lambda_2 \geqslant \cdots \geqslant \lambda_p > 0$ 和 $\boldsymbol{u}_1，\boldsymbol{u}_2，\cdots，\boldsymbol{u}_p$；

$$\boldsymbol{U} = (\boldsymbol{u}_1，\boldsymbol{u}_2，\cdots，\boldsymbol{u}_p) = \begin{bmatrix} \boldsymbol{u}_{11} & \boldsymbol{u}_{12} & \cdots & \boldsymbol{u}_{1p} \\ \boldsymbol{u}_{21} & \boldsymbol{u}_{22} & \cdots & \boldsymbol{u}_{2p} \\ \vdots & \vdots & \ddots & \vdots \\ \boldsymbol{u}_{p1} & \boldsymbol{u}_{p2} & \cdots & \boldsymbol{u}_{pp} \end{bmatrix}$$

根据方差累积贡献率的要求，选取前 $q$ 个特征值及相应的特征向量，给出因子载荷矩阵：

$$A = \begin{bmatrix} a_{11} & a_{12} & \cdots & a_{1q} \\ a_{21} & a_{22} & \cdots & a_{2q} \\ \vdots & \vdots & \ddots & \vdots \\ a_{p1} & a_{p2} & \cdots & a_{pq} \end{bmatrix} = \begin{bmatrix} \boldsymbol{u}_{11}\sqrt{\lambda_1} & \boldsymbol{u}_{12}\sqrt{\lambda_2} & \cdots & \boldsymbol{u}_{1q}\sqrt{\lambda_q} \\ \boldsymbol{u}_{21}\sqrt{\lambda_1} & \boldsymbol{u}_{22}\sqrt{\lambda_2} & \cdots & \boldsymbol{u}_{2q}\sqrt{\lambda_q} \\ \vdots & \vdots & \ddots & \vdots \\ \boldsymbol{u}_{p1}\sqrt{\lambda_1} & \boldsymbol{u}_{p2}\sqrt{\lambda_2} & \cdots & \boldsymbol{u}_{pq}\sqrt{\lambda_q} \end{bmatrix}$$

步骤 4：对 $A$ 进行方差最大正交旋转；

步骤5：计算因子得分；

步骤6：利用因子分析的结果进行相应的解释。

结果分析见表2-13和表2-14。

表2-13　解释的总方差

| 成分 | 初始特征值 | | | 提取平方和载入 | | | 旋转平方和载入 | | |
|---|---|---|---|---|---|---|---|---|---|
| | 合计 | 方差的/% | 累积/% | 合计 | 方差的/% | 累积/% | 合计 | 方差的/% | 累积/% |
| 1 | 2.725 | 27.253 | 27.253 | 2.725 | 27.253 | 27.253 | 2.255 | 22.546 | 22.546 |
| 2 | 1.808 | 18.083 | 45.336 | 1.808 | 18.083 | 45.336 | 1.854 | 18.539 | 41.084 |
| 3 | 1.374 | 13.738 | 59.074 | 1.374 | 13.738 | 59.074 | 1.408 | 14.084 | 55.169 |
| 4 | 0.993 | 9.934 | 69.008 | 0.993 | 9.934 | 69.008 | 1.384 | 13.839 | 69.008 |

表2-14　旋转成分矩阵

| 指标 | 成分 | | | |
|---|---|---|---|---|
| | 1 | 2 | 3 | 4 |
| 夏季短枝现象 $X_1$ | 0.111 | −0.077 | −0.076 | 0.946 |
| 花色 $X_2$ | 0.142 | 0.699 | −0.144 | 0.096 |
| 花瓣质地 $X_3$ | −0.229 | 0.320 | 0.349 | 0.611 |
| 花香 $X_4$ | 0.173 | −0.028 | 0.755 | 0.053 |
| 花径 $X_5$ | −0.154 | 0.598 | 0.349 | 0.013 |
| 花枝长度 $X_6$ | 0.334 | −0.554 | 0.559 | −0.091 |
| 花枝挺直度 $X_7$ | 0.826 | 0.140 | 0.074 | −0.230 |
| 生长势 $X_8$ | 0.908 | −0.192 | 0.064 | 0.120 |
| 品种成花力 $X_9$ | 0.706 | 0.015 | 0.494 | 0.161 |
| 花形 $X_{10}$ | −0.013 | 0.732 | −0.054 | −0.040 |

可写出每个性状的因子表达式：

$$X_1 = 0.111F_1 - 0.077F_2 - 0.076F_3 + 0.946F_4$$

$$X_2 = 0.142F_1 + 0.699F_2 - 0.144F_3 + 0.096F_4$$

......

$$X_{10} = -0.013F_1 + 0.732F_2 - 0.054F_3 - 0.040F_4$$

因子 1（即 $F_1$）生长势、品种成花力载荷较大，命名为产量特性；

因子 2（即 $F_2$）在夏秋季短枝现象有较大载荷，命名为现象特性；

因子 3（即 $F_3$）在花枝长度等有载荷较大，命名为枝干特性；

因子 4（即 $F_4$）在花色、花径和花瓣质地上载荷较大，命名为观赏特性；

成分得分系数矩阵见表 2-15。

表 2-15 成分得分系数矩阵

| 指标 | 成分 | | | |
|---|---|---|---|---|
| | 1（$F_1$） | 2（$F_2$） | 3（$F_3$） | 4（$F_4$） |
| 夏季短枝现象 $X_1$ | 0.095 | -0.105 | -0.206 | 0.726 |
| 花色 $X_2$ | 0.158 | 0.390 | -0.139 | 0.044 |
| 花瓣质地 $X_3$ | -0.158 | 0.132 | 0.277 | 0.386 |
| 花香 $X_4$ | -0.081 | 0.019 | 0.580 | -0.045 |
| 花径 $X_5$ | -0.116 | 0.335 | 0.343 | -0.079 |
| 花枝长度 $X_6$ | 0.005 | -0.261 | 0.381 | -0.088 |
| 花枝挺直度 $X_7$ | 0.413 | 0.155 | -0.092 | -0.168 |
| 生长势 $X_8$ | 0.444 | -0.050 | -0.173 | 0.121 |
| 品种成花力 $X_9$ | 0.258 | 0.063 | 0.232 | 0.078 |
| 花形 $X_{10}$ | 0.056 | 0.410 | -0.012 | -0.076 |

最终因子的得分方程：

$$F_1 = 0.095X_1^* + 0.158X_2^* - 0.158X_3^* - 0.081X_4^* - 0.116X_5^* + 0.005X_6^* + 0.413X_7^* + 0.444X_8^* + 0.258X_9^* + 0.056X_{10}^*$$

$$F_2 = -0.105X_1^* + 0.390X_2^* + 0.132X_3^* + 0.019X_4^* + 0.335X_5^* - 0.261X_6^* + 0.155X_7^* - 0.050X_8^* + 0.063X_9^* + 0.410X_{10}^*$$

$$F_3 = -0.206X_1^* - 0.139X_2^* + 0.277X_3^* + 0.580X_4^* + 0.343X_5^* + 0.381X_6^* - 0.092X_7^* - 0.173X_8^* + 0.232X_9^* - 0.012X_{10}^*$$

$$F_4 = 0.726X_1^* + 0.044X_2^* + 0.386X_3^* - 0.045X_4^* - 0.079X_5^* - 0.088X_6^* - 0.168X_7^* + 0.121X_8^* + 0.078X_9^* - 0.076X_{10}^*$$

综合得分公式：$Y_{综合} = \dfrac{\lambda_1}{\lambda_1 + \lambda_2 + \lambda_3 + \lambda_4} \times F_1 + \dfrac{\lambda_2}{\lambda_1 + \lambda_2 + \lambda_3 + \lambda_4} \times F_2 + \dfrac{\lambda_3}{\lambda_1 + \lambda_2 + \lambda_3 + \lambda_4} \times F_3 + \dfrac{\lambda_4}{\lambda_1 + \lambda_2 + \lambda_3 + \lambda_4} \times F_4$ 即 $Y_{综合} = F_1 \times 0.326711 + F_2 \times 0.268648 + F_3 \times 0.204095 + F_4 \times 0.200546$

对 22 个切花月季品种进行综合评价得分排名见表 2-16。为了区分切花月季品种寒地种植适应性，设定：0.5 以上（含 0.5）为Ⅰ级切花品种，0～0.5（含 0，不包含 0.5）为Ⅱ级切花品种，−0.5～0（含−0.5 不包含 0）为Ⅲ级切花品种，−0.5 以下（不包含−0.5）为Ⅳ级切花品种。结果表明，'大桃红''黑魔术''坦尼克''卡罗拉'为Ⅰ级切花月季品种，在花型、花色等花部性状以及切花花枝等性状均表现很好，可以作为寒地地区主栽品种进行推广。'好莱坞''雪山''冷美人''维西利亚''镭射''双色粉''王威''紫罗兰'为Ⅱ级切花品种，这 8 个品种综合性状一般，个别性状欠佳，但多数指标表现比较优良，建议可以在寒地地区进行种植。'戴安娜''芬得拉''舞后''粉佳人''影星''黄金时代'为Ⅲ级切花品种，品种表现多数性状不尽人意，但考虑市场需求及为了试验的完整性，进一步进行品种鉴定试验，不建议进行推广种植。'玛利亚''法国红''水蜜桃''蜜糖'为Ⅳ级切花品种，综合评价结果表明这 4 个品种不适合寒地地区种植，建议不予推广。

表 2-16　寒地切花月季品种资源综合排名

| 序 | 品种 | 分数 | 级别 |
|---|---|---|---|
| 1 | 大桃红 | 0.94 | Ⅰ级 |
| 2 | 黑魔术 | 0.66 | |
| 3 | 坦尼克 | 0.52 | |
| 4 | 卡罗拉 | 0.52 | |
| 5 | 好莱坞 | 0.49 | Ⅱ级 |
| 6 | 雪山 | 0.35 | |
| 7 | 冷美人 | 0.32 | |
| 8 | 维西利亚 | 0.26 | |
| 9 | 镭射 | 0.2 | |
| 10 | 双色粉 | 0.18 | |
| 11 | 王威 | 0.09 | |
| 12 | 紫罗兰 | 0 | |
| 13 | 戴安娜 | −0.03 | Ⅲ级 |
| 14 | 芬得拉 | −0.17 | |
| 15 | 舞后 | −0.21 | |
| 16 | 粉佳人 | −0.22 | |
| 17 | 影星 | −0.23 | |
| 18 | 黄金时代 | −0.43 | |
| 19 | 玛利亚 | −0.74 | Ⅳ级 |
| 20 | 法国红 | −0.75 | |
| 21 | 水蜜桃 | −0.85 | |
| 22 | 蜜糖 | −0.89 | |

第三章

# 光温对切花月季夏季短枝现象的影响

# 第一节
# 试验材料选择及试验方法

## 一、试验材料选择

在东北农业大学试验基地塑料棚室内，选用前期研究中评价高的月季品种'卡罗拉'和'大桃红'。将一年生扦插苗定植到 4 寸（1 寸 ≈ 3.33cm）花盆，每盆 1 株种苗，栽培基质包括草炭和蛭石（3：1），每盆施用 2g 奥绿缓释肥。

修剪方法：在月季花枝收获期（萼片反转期）进行修剪。自花茎基部向上在第三片五小叶上方 0.5cm 处修剪，第三片五小叶腋芽即为调查花枝（图 3-1），每周除去其余芽。

图 3-1　试验种苗处理

## 二、试验方法

2017 年 4 月定植月季品种'卡罗拉'种苗。在自然环境下，观察夏季

（6月上旬至7月下旬）与秋季（7月下旬至9月中旬）的花枝生长形态特征。

### 1. 温度处理

2017年6月将盆栽种苗（腋芽长度1cm）移入生长气候室，光照为自然光，空调控制温度。设置昼温/夜温处理为25℃/15℃，30℃/15℃，20℃/15℃。收获期（萼片反转）实验终止。

### 2. 光照长度处理

2017年6月观察光照长度处理对夏季月季花枝发育的影响。实验设置3个处理：光照长度8小时（每天8：00—16：00）、光照长度10小时（每天6：00—16：00）、光照长度12小时（每天6：00—18：00），处理时间是从萌芽期（芽长约1cm）至收获期。每个处理三次重复。

覆盖方法：采用遮阳网进行遮光，覆盖后照度计（型号：TA632A/B，江苏苏州，中国）检测为零。为了避免温度因素的干扰，笔者在选择遮阳网进行覆盖，天黑后撤除遮阳网，天亮前覆盖着遮阳网的同时加装了环流风机，并进行温度检测等以保证处理间温度的一致。具体覆盖方式见图3-2。

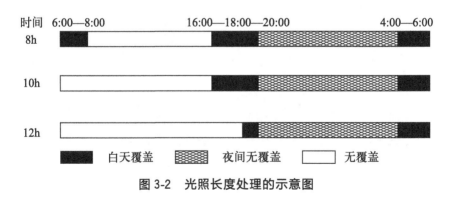

图 3-2 光照长度处理的示意图

### 3. 光照强度处理

2017年6月观察光照强度处理对夏季月季花枝发育的影响。光照强度处理设置60％、80％，100％（自然光）为对照。透光率60％遮阳网和透光率 80% 遮阳网进行覆盖，覆盖具体方法见图 3-3。其他处理方法同光照长度处理，保证处理间温度的一致。

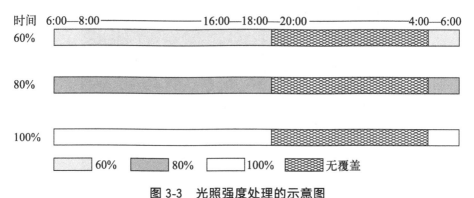

图 3-3　光照强度处理的示意图

### 4. 花枝表形调查

每个处理 30 株，三次重复。总数 270 株。在修剪处理 7d 后（花茎长度约 1cm），开始数据调查，间隔 1 周调查一次，收获期为止。

表形测量方法如下。

花茎长度：即腋芽基部至顶部叶片处，用卷尺测量。

茎粗：腋芽基部从下向上 1cm 处，用游标卡尺测量。

节数：除去鳞状叶以外的叶片的数量。

节间长度：花茎从下往上，最上部鳞状叶至第一片复叶为第一节，第一片复叶至第二片复叶为第二节，以此类推。

干重：整个花茎装入牛皮纸袋，置 70℃ 的恒温干燥箱中 12h 后，电子秤进行称量。

### 5. 显微镜观察

采用石蜡切片方法。解剖腋芽，剥离可见叶片后，切成 5mm 的茎段（含茎尖）（图 3-4）。FAA 固定液（甲醛：冰醋酸：70% 乙醇＝18：1：1）保存 24h 以上。操作过程如下。

① 脱水。依次采用 70% 酒精、80% 酒精、含 1% 番红的 95% 酒精溶

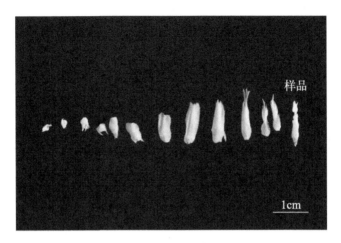

图 3-4　样品处理

液和 100％酒精处理样品，各 2h。之后，依次采用 2/3 无水酒精＋1/3 二
甲苯、1/2 无水酒精＋1/2 二甲苯、1/3 无水酒精＋2/3 二甲苯，各 2h，
然后采用二甲苯处理 1h，连续两次。

②　浸蜡。在室温下向装有样品的小瓶内缓慢放入石蜡屑，使其近乎
饱和。然后将小瓶放入 35～37℃恒温箱中过夜。次日倒出 1/2 瓶中石蜡和
二甲苯混合液，再倒入 1/2 熔化的石蜡，重复三次，每次 2h，然后倒出全
部混合液，倒入熔化的纯石蜡，重复二次，每次 1h。浸蜡过程在恒温箱
中进行。

③　包埋。将熔化的石蜡倒入纸盒中，然后从恒温箱中取出材料，移
入盒中，并进行材料位置的摆放。

④　切片。修整包埋样品的蜡块，仅保留刚好可以包埋材料大小的方
块，粘附在木块上。切片厚度为 10μm。

⑤　粘片。少量梅氏粘贴剂均匀地涂在载玻片上，再滴几滴蒸馏水，
将石蜡切片浮于水上，放在展片机上加热 3h 后，放入恒温箱中干燥。

⑥　染色。干燥后的载玻片浸入二甲苯中脱蜡 2h，然后依次采用二甲
苯、1/2 纯酒精＋1/2 二甲苯、纯酒精、蒸馏水、番红、蒸馏水、纯酒精、
固绿、纯酒精、1/2 纯酒精＋1/2 二甲苯、二甲苯，各 2～3min。

⑦ 封固。染色后载玻片放入二甲苯中 10min 以上，加拿大树胶封片。

⑧ 拍照。封片后显微成像系统（企业：NIKON，型号：Ci-L）拍照。

## 6. 可溶性糖、淀粉测定

新鲜的茎尖为样品，采用硫酸-蒽酮比色法测定可溶性总糖和淀粉的含量。

可溶性糖含量测定方法如下。

① 采集样品放入锡纸袋（注明处理）中，装入冰盒（底部放两个冰袋＋碎冰的泡沫箱）中，带回实验室。

② 天平称取 0.2g 左右的样品，匀浆器进行研磨，之后转移到 10ml 的离心管中，加入 80％乙醇溶液定容到 10ml。

③ 10ml 离心管（开盖）放入沸水浴（100℃）提取 30min。

④ 冷却后，进行离心（4000r/min，10min），取上清液过滤（去离子水浸湿滤纸）到 50ml 离心管中。

⑤ 向残渣中加入 10ml 的 80％乙醇，如上述方法重复浸提二次，定容到 25ml。

⑥ 吸取 0.5ml 提取液放入 10ml 离心管，加入 1.5ml 去离子水，依次加入 0.5ml 蒽酮乙酸乙酯试剂（1g 蒽酮＋50ml 乙酸乙酯用锡纸包裹棕色瓶盛装）和 5ml 98％浓硫酸后摇匀。

⑦ 立即放入沸水浴（100℃）中保温 1min。取出冷却后，在 620nm 处测定 OD 值。结合标准曲线得出糖含量（$\mu$g）。计算公式：

$$可溶性糖含量 = \frac{C \times V_T \times N}{W \times V_S \times 10^6} \times 100\%$$

式中，$C$ 为从标准曲线查得的糖量，$\mu$g；$V_T$ 为样品提取液总体积，ml；$V_S$ 为显色时取用的样品提取液体积，ml；$N$ 为稀释倍数；$W$ 为样品质量，g。

淀粉含量测定方法如下。

① 将测定可溶性糖剩余的残渣转移到 50ml 离心管中，加入 10ml 去离子水，沸水浴煮沸 15min，添加 2ml 9.2mol/L 高氯酸溶液提取 15min。

② 冷却后，去离子水定容至 20ml。用滤纸（去离子水浸湿）过滤到 50ml 离心管中。

③ 吸取 0.5ml 滤液放入 10ml 离心管，加入 1.5ml 去离子水，依次加入 0.5ml 蒽酮乙酸乙酯试剂（1g 蒽酮＋50ml 乙酸乙酯用锡纸包裹棕色瓶盛装）和 5ml 98％浓硫酸后摇匀。

④ 立即放入沸水浴（100℃）中保温 1min。取出冷却后，在 620nm 处测定 OD 值。结合标准曲线得出淀粉含量（μg）。计算公式：

$$淀粉含量 = \frac{C \times V_T \times N}{W \times V_S \times 10^6} \times 100\%$$

式中，$C$ 为从标准曲线查得的淀粉量，μg；$V_T$ 为样品提取液总体积，ml；$V_S$ 为显色时取用的样品提取液体积，ml；$N$ 为稀释倍数；$W$ 为样品质量，g。

气象数据资料取自最近的气象站，中国黑龙江省哈尔滨市香坊气象局（东经 126.57°，北纬 45.93°）记录的日平均温度、光照长度、光照强度。

数据分析采用 SPSS17.0 统计软件进行分析；制图软件运用 GraphPad Prism 6.02。

## 第二节
## 切花月季夏季短枝现象的形态特征

月季生育期（萌芽期后 10d）夏秋季切花生育阶段气象资料比对显示见图 3-5。夏季切花月季生长阶段的温度在前两周的时间内低于秋季温度，温差范围为 0~7.6℃［图 3-5（a）］，夏季切花月季生长阶段的光照长度普遍比秋季长，光照长度差值范围为 0.54~2.06h［图 3-5（b）］，夏季切花月季生长阶段的光照强度普遍比秋季弱，数据中得出，在生长阶段的10 天中，其中 6 天的夏季切花月季生长阶段的光照强度明显低于秋季，光照强度差值范围为 6.6~36.85 W/m²［图 3-5（c）］。

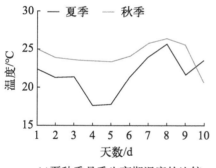

(a)夏秋季月季生育期温度的比较

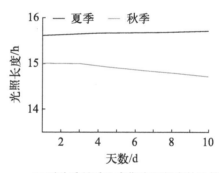

(b)夏秋季月季生育期光照长度的比较

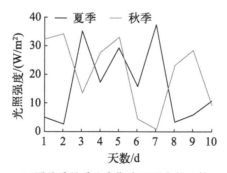

(c)夏秋季月季生育期光照强度的比较

图 3-5　月季生育期夏秋季光温的比较

笔者观察了月季品种'卡罗拉'和'大桃红'夏季短枝现象的形态特征（图3-6）。月季品种'卡罗拉'的花枝长度夏季极显著短于秋季（$P <$ 0.01）［图3-6（a）］。月季品种'大桃红'的花枝长度夏季显著短于秋季（$0.01 < P < 0.05$）［图3-6（b）］。两个品种间比较而言，月季品种'卡罗拉'的夏季短花枝现象显著性更高。

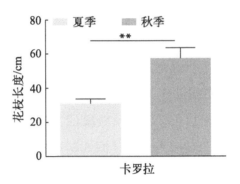

(a)月季品种'卡罗拉'夏秋季花枝长度比较

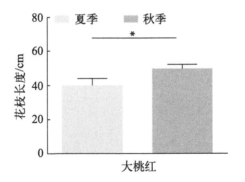

(b)月季品种'大桃红'夏秋季花枝长度比较

**图3-6　夏秋季月季品种的花茎长度的变化**

注：* 表示差异显著（$0.01 < P < 0.05$）；** 表示差异极显著（$P < 0.01$）

月季品种'卡罗拉'和'大桃红'夏季花枝的节间长度、节数与花枝长度相关性分析如（表3-1）所示，月季品种'卡罗拉'花枝节间长度与花枝长度相关性不显著（$r = -0.194$，$P > 0.05$），节数与花枝长度显著相关（$r = 1.000^*$，$P < 0.05$）。月季品种"大桃红"花枝节间长度与花

枝长度相关性不显著（$r＝0.899$，$P＞0.05$），节数与花枝长度显著相关（$r＝0.998^*$，$P＜0.05$）。

表3-1　月季品种花枝节数、节间长度和花枝长度之间的相关性

| 项目 | 花枝长度相关性 | |
|---|---|---|
| | '卡罗拉'月季 | '大桃红'月季 |
| 花枝节数 | 1.000 * | 0.998 * |
| 节间长度 | −0.194 | 0.899 |

注：$n＝10$；＊差异有显著性（$0.01＜P＜0.05$）。相关分析由 Pearson 相关确定。

综上所述，夏季短枝现象在月季生产中是普遍存在的。'卡罗拉'是夏季短枝现象的敏感月季品种；花枝节数是研究夏季花枝长度的靶向表形，而花枝节数受花芽分化进程的制约。其中夏、秋两季花枝长度数据与夏秋季气象资料联合分析表明，哈尔滨地区6月份是光照长度最长的季节，夏季商品切花的花芽分化期恰好是在6月份，秋季商品切花的花芽分化期是在7月下旬，夏季相对于秋季的低光照强度和长光照长度可能是导致寒地切花月季夏季短枝现象发生的因素之一。

# 第三节
# 温度对切花月季夏季花枝发育的影响

夏季自然光照条件下温度对切花月季夏季短枝现象的影响见图 3-7。温度变化影响切花月季'卡罗拉'花枝长度的研究结果表明，随着温度升高，花枝长度逐渐降低，温度与花枝长度呈负相关［图 3-7（a）］。但方差分析显示，温度处理间花枝长度没有呈现显著差异。温度变化影响切花月季花枝节数的研究结果表明，处理间花枝节数无差异［图 3-7（b）］。综上所述，温度对于花枝长度存在影响，但不显著。因此推断温度变化不是导致切花月季夏季短花枝现象的主要因素。

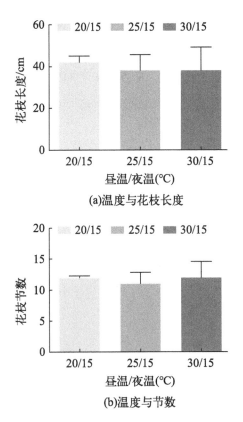

图 3-7　温度对切花月季夏季花枝长度和节数的影响

# 第四节
# 光照长度对切花月季夏季花枝发育的影响

## 1. 光照长度对切花月季夏季花枝生长的影响

月季生长动态观察由于没有参照的标准导致记录困难。笔者研究过程中，根据其他作物的调查方法和月季本身的生长习性对花枝发育阶段进行描述［图 3-8（a）］。参考描述调查了切花月季从萌芽期至现蕾阶段的生长过程得到图 3-8（b）。结果表明，光照长度 8h 处理第一周是略高于光照长度 10h 和 12h 处理，第二和第三周各处理的差别很小，第四周 10h 和 12h 处理的枝发育阶段略高于 8h 的处理。第 5 周 8h 处理的枝条发育过程明显慢于 10h 和 12h 处理。从图 3-8（c）得知花枝发育过程，第一周和第二周各处理差异不大。第三和第四周，各处理的花枝长度均为 8h ＞ 10h ＞ 12h，但差异不显著（$P > 0.05$）。第五周各处理的花枝长度显示为 12h ＞ 10h ＞ 8h，其中 8h 和 12h 处理之间有显著差异（$P < 0.05$）。从图 3-8（d）得知花枝直径发育过程，从第一周至第四周各处理茎粗显示

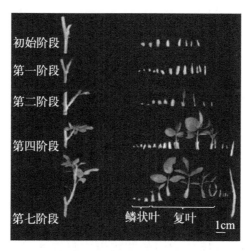

(a)枝条发育阶段的描述(展开复叶的数量)

图 3-8

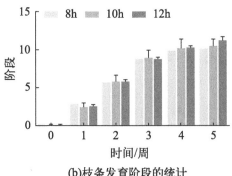

(b)枝条发育阶段的统计

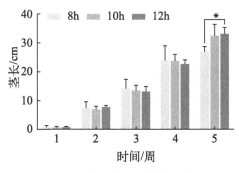

(c)枝条长度发育的统计

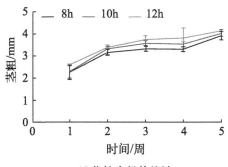

(d)花枝直径的统计

**图 3-8 光照长度对月季花枝生长的影响**

注：（a）～（d）观察从腋芽生长到可见花芽的新芽发育；＊表示差异显著（0.01＜P＜0.05）

12h ＞ 10h ＞ 8h，第五周处理间的茎粗没有显著差异。结果表明，在不同光照长度处理下夏季月季花枝发育过程形态特征差异不明显。

## 2. 光照长度对切花月季夏季花枝显微结构的影响

不同光照长度处理下花枝发育进程的显微结构如图 3-9 所示，在光照长度处理 8h、10h 和 12h 中，12h 处理的节发育进程显著早于 8h 和 10h 处理，在处理后第 3 天开始花芽分化（节数达到最大值）。而 8h 处理下枝发育的显微结构所示，在处理后第 7 天节数达到最大值。结果表明，夏季延长光照长度可以加速节数的发育进程。

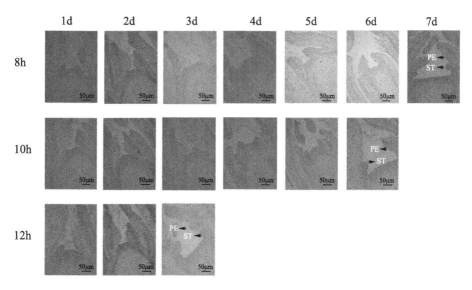

图 3-9　光照长度对月季花枝的显微结构影响

注：PE—花瓣原基；ST—雄蕊原基

## 3. 光照长度对切花月季夏季收获期花枝的影响

光照长度对收获期月季花枝的性状存在影响。花枝干重数据如图 3-10 （a）所示 12h＞10h＞8h，其中 12h 和 8h 处理间枝干重差异显著（$P<$ 0.05）。枝直径数据如图 3-10（b）所示，8h、10h 和 12h 处理间枝直径差异不明显。花枝长度数据如图 3-10（c）所示 12h＞10h＞8h，其中 12h 和 8h 处理间花枝长度差异显著（$P<0.05$）。花枝节数数据如图 3-10（d）所示 12h＞10h＞8h，其中 12h 和 8h 处理间节数差异显著（$P<0.05$）。结果表明，光照长度是通过影响月季节数的变化正向调控了夏季花枝长度。

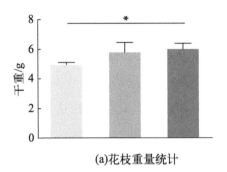

(a)花枝重量统计

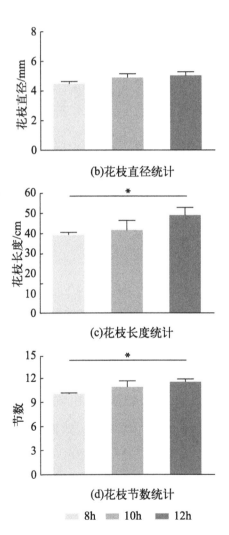

(b)花枝直径统计

(c)花枝长度统计

(d)花枝节数统计

　8h　　10h　　12h

图 3-10　光照长度对收获期月季花枝的影响

注：* 表示差异显著（$0.01 < P < 0.05$）

### 4.光照长度对切花月季夏季枝中糖和淀粉的影响

笔者关注了在光照长度处理第 3 天切花月季枝中可溶性糖和淀粉的含量（图 3-11）。光照长度对可溶性糖的影响显示，可溶性糖的含量随着光照长度的延长增多［图 3-11（a）］。而光照长度对淀粉含量的影响显示，淀粉的含量随着光照长度的延长减少［图 3-11（b）］。结果表明，光照长度与可溶性糖的含量呈正相关，而与淀粉的含量呈负相关。

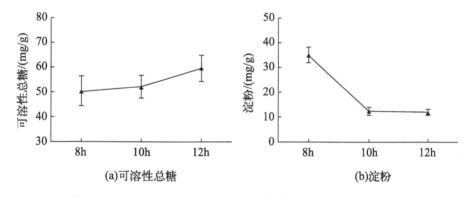

(a)可溶性总糖　　　　　　(b)淀粉

图 3-11　光照长度对月季枝中可溶性总糖、淀粉含量的影响

# 第五节
# 光照强度对切花月季夏季花枝发育的影响

### 1. 光照强度对切花月季夏季花枝生长的影响

依据月季生长阶段的描述［图 3-12（a）］，笔者对不同光照强度处理对切花月季花枝生长过程的影响进行了调查［图 3-12（b）］，100％光照强度处理第一周生长进程略晚于 80％和 60％光照强度处理，第二周处理间没有明显差异。第三周 100％光照强度处理早于 80％和 60％光照强度处理，而且 100％光照强度处理显著早于 60％光照强度处理（$P<0.05$）。第四周和第五周 100％光照强度处理均显著早于 60％光照强度处理。从图 3-12（c）得知花枝生长进程在第一、二和三周，处理间差异不明显，第四周和第五周，100％光照强度处理显著早于 80％光照强度处理，同时也显著早于 60％光照强度处理，但 60％和 80％光照强度处理之间没有显著差异。从图 3-12（d）得知枝直径发育过程，60％和 80％光照强度处理在第二周后，花枝直径变化趋于平缓，100％光照强度处理的花枝直径在第四周变化趋于平缓，但处理间没有显著差异。

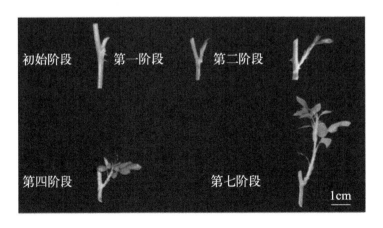

(a)花枝发育阶段的描述(复叶展开的数量)

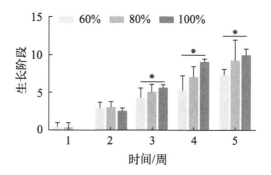

(b)花枝发育阶段的统计

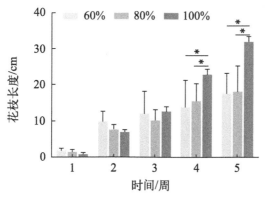

(c)花枝长度发育的统计

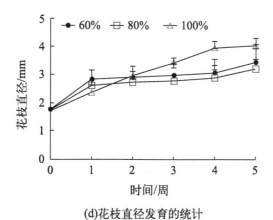

(d)花枝直径发育的统计

**图 3-12　光照强度对夏季月季花枝生长的影响**

注：（a）～（d）观察从腋芽生长到可见花芽的花枝发育；＊表示差异显著（0.01＜$P$＜0.05）

## 2. 光照强度对切花月季夏季花枝显微结构的影响

不同光照强度处理下，夏季月季花枝茎尖发育进程的显微结构差异明显（图3-13），在60％、80％和100％光照强度的处理中，100％光照强度处理的花枝茎尖发育进程显著早于60％和80％光照强度处理，在处理后第3天100％光照强度处理花枝节数达到最大值（开始花芽分化）。而相对100％光照强度处理差异最明显的60％光照强度处理在第9天节数达到最大值。结果表明，夏季自然条件下，增强光照强度可以调控花枝节数的增多，同时也加快了节的发育。

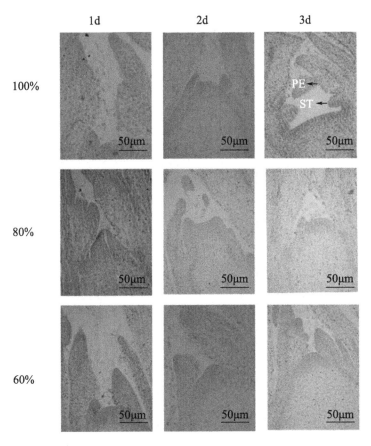

**图3-13 光照强度对夏季月季花枝发育的显微结构影响**

注：PE—花瓣原基；ST—雄蕊原基

### 3. 光照强度对切花月季夏季收获期花枝的影响

在切花月季收获期，笔者观察了不同光照强度处理间存在的表形差异（图 3-14）。花枝长度在处理间显示 ［图 3-14 （a）］，光照强度与花枝长度呈正相关，其中 100％和 60％光照强度处理间花枝长度差异显著 （$P<$ 0.05）。节数处理间数据显示 ［图 3-14 （b）］，60％和 80％光照强度处理间几乎无差异，而 60％和 100％光照强度处理间花枝节数差异显著 （$P<$ 0.05）。花枝直径在处理间几乎无差异 ［图 3-14 （c）］。花枝干重处理间数据显示 ［图 3-14 （d）］，光照强度与干重呈正相关，其中 60％和 100％光照强度处理间干重差异显著 （$P<$0.05）。结果表明，在月季夏季短枝现象中光照强度对促进花枝伸长的形态建成效应更大；光照强度是通过影响月季花枝节数的变化调控了花枝。

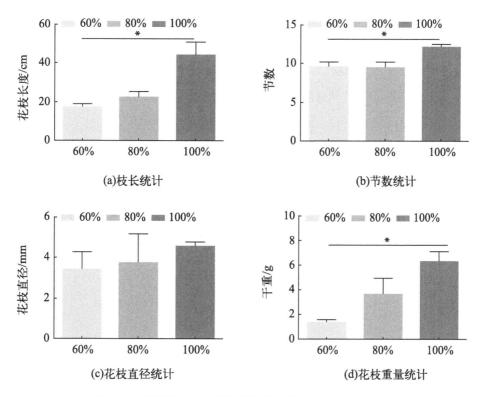

(a)枝长统计　　　　　　　　　(b)节数统计

(c)花枝直径统计　　　　　　　(d)花枝重量统计

**图 3-14　光照强度对夏季月季收获期花枝表形的影响**

注：＊表示差异显著 （0.01$<P<$0.05）

### 4. 光照强度对切花月季夏季枝中糖和淀粉的影响

结合茎尖显微结构的结果，笔者关注了不同光照强度处理第 3 天切花月季花枝茎尖中可溶性糖和淀粉的含量（图 3-15）。光照强度对茎尖可溶性总糖含量的影响显示，随着光照强度的增加，可溶性总糖的含量增多 ［图 3-15（a）］。而光照强度影响淀粉含量的数据显示，淀粉含量随着光照强度的增加而减少 ［图 3-15（b）］。结果表明，光照强度与可溶性总糖的含量呈正相关，而与淀粉含量呈负相关。

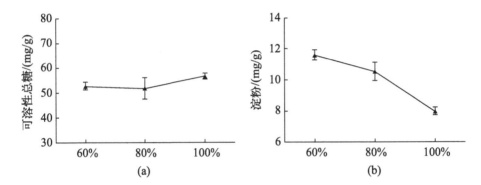

**图 3-15　光照强度对月季夏季枝中总糖和淀粉含量的影响**

第四章

# 光照长度影响切花月季夏季花枝发育的差异基因分析

# 第一节
## 试验材料选择及试验方法

### 一、植物材料

采用月季品种'卡罗拉'，栽培方式、田间管理、修剪方法见第三章、第一节"一、试验材料选择"。根据石蜡切片的试验结果研究光照长度影响切花月季夏季短花枝现象的分子机制。笔者将处理 0d 的茎尖设为 CK（对照），将光照长度 8h、10h 和 12h 处理后第 3 天的茎尖样品，进行测序。以 CK 和 8h、10h 和 12h 光照处理后第三天的样品为 1 次重复，进行 3 次生物学重复。命名为 CK_1、CK_2、CK_3、8h_1、8h_2、8h_3、10h_1、10h_2、10h_3、12h_1、12h_2、12h_3，总共 12 个样品。样品采集方法：去除鳞状叶、过渡叶和复叶，保留 1cm 左右茎尖（图 3-4）。每个处理 5～10 个茎尖，放入锡纸中，保存在 −80℃超低温冰箱。

### 二、试验器材

花盆（直径 14cm），电热鼓风干燥箱（101-2AB 型，天津市泰斯特仪器有限公司），立式蒸汽高压锅（厦门致微仪器有限公司），−80℃冰箱（中科美菱），电热恒温水浴锅（HHS-21-4，上海博讯实业有限公司医疗设备厂），DYY-8C 型电泳仪（北京市八一仪器厂），三用紫外分析仪[UV2000 型，天能科技（上海）有限公司]，电子天平（ALC-210.4），Illumina Hiseq 4000 测序系统（美国）。

## 三、试验药品

TRIzol 试剂（Invitrogen，美国），总 RNA 纯化试剂盒（TRK1001，LC Science，美国），动物组织 RNA 纯化试剂盒（TRK1002，LC Science，美国），miRNeasy Kit（Qiagen，美国），FFPE 的总核酸分离试剂盒（Ambion，美国），脂肪组织 RNA 纯化试剂盒（Norgen，加拿大），血清/血浆 Norgen 51000 试剂盒（Norgen，加拿大）。

## 四、总 RNA 提取、 cDNA 文库构建及测序

采用 TRIzol（总 RNA 抽提试剂）方法对总样品的 RNA 进行分离和纯化。然后用 NanoDrop ND-1000（NanoDrop，美国）对总 RNA 的量与纯度进行质控。再通过 Agilent 2100 对 RNA 的完整性进行检测，以 RIN 值＞7.0 为合格的标准。

取出 $5\mu g$ 的总 RNA，使用 Oligo（dT）磁珠通过两轮的纯化对其中的带有 PolyA（多聚腺苷酸）的 mRNA 进行特异性捕获。将捕获到的 mRNA 在高温条件下利用二价阳离子进行片段化。将片段化的 RNA 通过逆转录酶的作用合成 cDNA。然后使用 E. coli DNA 聚合酶Ⅰ，与 RNase H（核糖核酸酶 H）进行二链合成，将这些 DNA 与 RNA 的复合双链转化成 DNA 双链，同时在二链中掺入 dUTP（脱氧尿苷三磷酸），将双链 DNA 的末端补齐为平末端。再在其两端各加上一个 A 碱基，使其能够与末端带有 T 碱基的接头进行连接，再利用磁珠对其片段大小进行筛选和纯化。以 UDG 酶（尿嘧啶-DNA 糖基化酶）消化二链，再通过 PCR（聚合酶链式反应），使其形成片段大小为 300 bp（±50 bp）的文库。最后笔者使用 Illumina Hiseq 4000 按照标准操作对其进行双端测序，读长 150bp。

## 五、 RNA-seq 数据分析

Perl 脚本用于库汇编。通过除去衔接子序列，包含多 N 序列和低质量序列的读数来过滤原始读数。使用 Trinity 软件从头开始进行纯净阅读，然后转录组分析获得参考数据库。FPKM 用于获得相对表达水平。DESeq R 软件包用于组之间的差异表达分析。使用 Benjamini-Hochberg 方法控制错误发现率，对所得的 $P$ 值进行了调整。

倍数变化被确定为差异表达基因（differentially expressed genes, DEGs）$\geqslant 1.5$，且 FDR$<0.05$。墨卡托网络工具用于注释 DEGs。然后将结果加载到 MapMan 软件中进行功能富集分析。随后进行了基因本体论（GO）和京都基因与基因组百科全书（KEGG）途径分析。根据基因列表和每种组织类型的基因表达水平，使用 R 中的 gmodels，生成了本研究的 Venn 图和分层聚类热图。为了确定潜在候选基因，根据在光照长度处理下的表形分析结果，选择在维恩图不同区域发现的 DEGs。

## 六、 qRT-PCR

为了验证 RNA-seq 结果，使用 qRT-PCR 分析了选定基因的转录丰度。采用 KAPA™ SYBR® 快速定量聚合酶链反应试剂盒（KAPA Biossystems），以 StepOnePlus™ 实时定量聚合酶链反应系统应用生物系统为模板，提取 3 个生物重复序列样品的总 RNA。*RhUbi2* 被用作为内参基因。qRT-PCR 引物序列见表 4-1。

表 4-1   qRT-PCR 引物

| 基因 | 上游引物 | 下游引物 | 退火温度/℃ |
|---|---|---|---|
| *Chr3g0461391* | CCTGGAAGCCTCA CTGTTATGC | CCTGTGGTGCCTC CTTATGTATTG | 60 |

| 基因 | 上游引物 | 下游引物 | 退火温度/℃ |
|------|----------|----------|-----------|
| *Chr2g0137301* | ATGCTCGTCGTCA ACAAC | GCTCGTCATCAAG TTCCTC | 60 |
| *Chr6g0257181* | AGCAAGAGAACAAGAGCAAGG | GCGTAGTCCATCG TCATCATC | 60 |
| *Chr2g0126301* | CTTCTCCTCCTCG TAGTTCATCA | GTATAGGTTGCTG CTGCTGAG | 60 |
| *Chr5g0027901* | CGAGAAGCACATC TATGGA | CGAATGCGAGAAT GTAACC | 60 |
| *Chr7g0238411* | ATACGGGAAGCCA ATATG | TCCACCATCAACA ATCAA | 60 |
| *Chr1g0324861* | CTGTGGTTGGAGG TATCTT | CATATTGAGGATG GCTTGTG | 60 |
| *Chr7g0210481* | CCTTCCTTGATCT CACTTCC | TCGTCTTCATCTG GAGTCA | 60 |
| *Chr6g0278591* | GTATGCGTTGCTG GAGAC | TCACCGAGAAACC TTGCTA | 60 |
| *Chr5g0065871* | CCTTCACCACCTC ACAACTAC | CCTGTTTGGGAAC TGGGAAA | 60 |

## 七、植物内源激素测定

液氮研磨月季茎尖样品，取 0.2g 干粉放入 10ml 离心管，添加 3ml 提取液，摇匀放置 4℃ 冰箱中 4h，离心 8min（3500r/min），提取上清液，保留沉淀。将 1ml 提取液放入沉淀中，摇匀放入 4℃ 冰箱中 1h。提取上清液并与之前上清液合并，记录总体积。运用 C-18 固相萃取柱，除去上清液中色素及杂质。操作方法：1ml 甲醇（80%）平衡柱子，之后上样（上清液），然后依次以 5ml 甲醇（100%），5ml 乙醚（100%），5ml 甲醇（100%）洗柱子。通过柱子后的样品放入 10ml 离心管，真空浓缩干燥（除去甲醇），样品稀释液进行溶解用于测量。酶联免疫法测量脱落酸（ABA）和生长素的含量。

## 八、数据统计

数据运用 SPSS17.0 统计软件进行分析；制图软件运用 GraphPad Prism 6.02。

# 第二节
# 样品总 RNA 含量和质量检测

根据石蜡切片的试验结果研究节数发育的分子机制。笔者以光照长度处理 0d 为对照（CK），将光照长度 8h、10h 和 12h 处理后第 3 天的茎尖样品进行测序。得知如表 4-2 所示，从每个文库的 RNA 测序中产生了总的 Reads 数量 6.73G～8.27G，有效数据总数据量 6.64G～8.16G，有效 Reads 所占比例 97.94％～98.74％，Q20％ 均为 99.99％，Q30％ 在 97.95％以上，GC 含量所占比例 45.5％以上。

表 4-2　参考基因组比对读取统计数据

| 样本 | 原始数据 | | 有效数据 | | 有效 Reads 比例 /％ | Q20％ /％ | Q30％ /％ | GC 含量 /％ |
|---|---|---|---|---|---|---|---|---|
| | Read | Base | Read | Base | | | | |
| CK_1 | 45672194 | 6.85G | 45063622 | 6.76G | 98.67 | 99.99 | 98.00 | 46 |
| CK_2 | 45855412 | 6.88G | 44908802 | 6.74G | 97.94 | 99.99 | 98.21 | 45.50 |
| CK_3 | 48973206 | 7.35G | 48342928 | 7.25G | 98.71 | 99.99 | 97.99 | 45.50 |
| 8h_1 | 44836064 | 6.73G | 44251418 | 6.64G | 98.70 | 99.99 | 98.14 | 46 |
| 8h_2 | 55166540 | 8.27G | 54406088 | 8.16G | 98.62 | 99.99 | 98.12 | 46 |
| 8h_3 | 54807474 | 8.22G | 53756562 | 8.06G | 98.08 | 99.99 | 98.09 | 45.50 |
| 10h_1 | 51016882 | 7.65G | 50163256 | 7.52G | 98.33 | 99.99 | 98.16 | 46 |
| 10h_2 | 51369974 | 7.71G | 50714390 | 7.61G | 98.72 | 99.99 | 98.18 | 46 |
| 10h_3 | 50431992 | 7.56G | 49796424 | 7.47G | 98.74 | 99.99 | 98.08 | 46 |
| 12h_1 | 51956644 | 7.79G | 51076786 | 7.66G | 98.31 | 99.99 | 97.95 | 45.50 |
| 12h_2 | 50715540 | 7.61G | 50063416 | 7.51G | 98.71 | 99.99 | 98.08 | 45.50 |
| 12h_3 | 52076802 | 7.81G | 51394986 | 7.71G | 98.69 | 99.99 | 98.11 | 46 |

## 第三节
## 基因定量与样品相关性分析

为确认不同时期的生物学重复是否离散，笔者使用 Pearson 相关系数对 12 个文库进行分析，结果表明重复之间的 Pearson 相关系数均在 0.9 以上，验证了转录组数据的可靠性（图 4-1）。

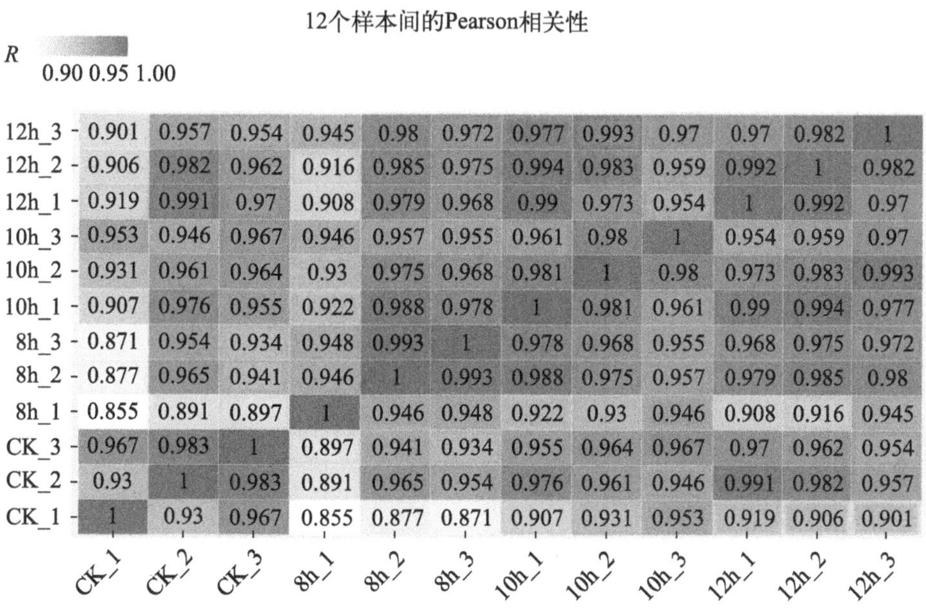

12个样本间的Pearson相关性

| | CK_1 | CK_2 | CK_3 | 8h_1 | 8h_2 | 8h_3 | 10h_1 | 10h_2 | 10h_3 | 12h_1 | 12h_2 | 12h_3 |
|---|---|---|---|---|---|---|---|---|---|---|---|---|
| 12h_3 | 0.901 | 0.957 | 0.954 | 0.945 | 0.98 | 0.972 | 0.977 | 0.993 | 0.97 | 0.97 | 0.982 | 1 |
| 12h_2 | 0.906 | 0.982 | 0.962 | 0.916 | 0.985 | 0.975 | 0.994 | 0.983 | 0.959 | 0.992 | 1 | 0.982 |
| 12h_1 | 0.919 | 0.991 | 0.97 | 0.908 | 0.979 | 0.968 | 0.99 | 0.973 | 0.954 | 1 | 0.992 | 0.97 |
| 10h_3 | 0.953 | 0.946 | 0.967 | 0.946 | 0.957 | 0.955 | 0.961 | 0.98 | 1 | 0.954 | 0.959 | 0.97 |
| 10h_2 | 0.931 | 0.961 | 0.964 | 0.93 | 0.975 | 0.968 | 0.981 | 1 | 0.98 | 0.973 | 0.983 | 0.993 |
| 10h_1 | 0.907 | 0.976 | 0.955 | 0.922 | 0.988 | 0.978 | 1 | 0.981 | 0.961 | 0.99 | 0.994 | 0.977 |
| 8h_3 | 0.871 | 0.954 | 0.934 | 0.948 | 0.993 | 1 | 0.978 | 0.968 | 0.955 | 0.968 | 0.975 | 0.972 |
| 8h_2 | 0.877 | 0.965 | 0.941 | 0.946 | 1 | 0.993 | 0.988 | 0.975 | 0.957 | 0.979 | 0.985 | 0.98 |
| 8h_1 | 0.855 | 0.891 | 0.897 | 1 | 0.946 | 0.948 | 0.922 | 0.93 | 0.946 | 0.908 | 0.916 | 0.945 |
| CK_3 | 0.967 | 0.983 | 1 | 0.897 | 0.941 | 0.934 | 0.955 | 0.964 | 0.967 | 0.97 | 0.962 | 0.954 |
| CK_2 | 0.93 | 1 | 0.983 | 0.891 | 0.965 | 0.954 | 0.976 | 0.961 | 0.946 | 0.991 | 0.982 | 0.957 |
| CK_1 | 1 | 0.93 | 0.967 | 0.855 | 0.877 | 0.871 | 0.907 | 0.931 | 0.953 | 0.919 | 0.906 | 0.901 |

$R$ 0.90 0.95 1.00

图 4-1　转录组数据验证

为了进一步验证 RNA-seq 数据的表达谱，笔者随机选择了 6 个转录本进行 qRT-PCR 分析。所有转录本与 RNA-seq 的表达谱基本一致（图 4-2），表明 RNA-seq 数据是可靠的。

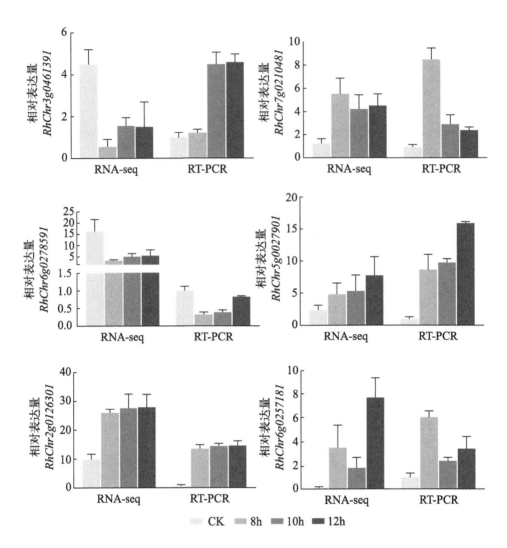

**图 4-2　转录组数据验证**

注：6 个基因（*RhChr7g0210481*；*RhChr6g0278591*；*RhChr2g0126301*；*RhChr6g0257181*；*RhChr3g0461391*；*RhChr5g0027901*）的相对表达量验证 RNA-seq 结果。以 *RhUbi2* 为参照基因。

## 第四节
## 基因差异表达分析

转录组数据中，笔者以差异倍数 FC≥2 或 FC≤0.5（即 $\log_2$FC 的绝对值≥1）为变化阈值，$P$ 值小于 0.05 作为筛选差异基因的标准，在设置的比较组中，获得差异表达基因。通过比对分析，在 8h、10h、12h 和 CK 处理样品中共鉴定出 3592 个差异表达基因。其中 8h 与 CK 的比较结果有 569 个上调的 DEGs 和 1032 个下调的 DEGs，10h 与 CK 的比较结果有 437 个上调的 DEGs 和 640 个下调的 DEGs，12h 与 CK 的比较结果有 382 个上调的 DEGs 和 531 个下调的 DEGs［图 4-3（a）］。结合光照长度对花茎长度的表形影响，重点关注 8h 与 12h 的差异基因。由于本研究主要关注萌芽至现蕾期阶段之间的差异基因，最终确定 686 个 DEGs［图 4-3（b）］。

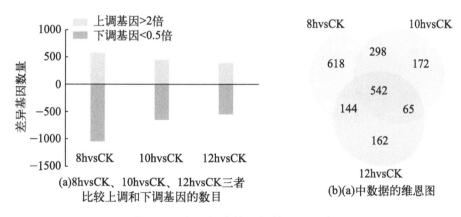

(a)8hvsCK、10hvsCK、12hvsCK三者
比较上调和下调基因的数目

(b)(a)中数据的维恩图

图 4-3　光照长度处理间的 DEGs 数

为了评估 DEGs 对枝节数发育的影响，进行 GO 分析，结果富集到 24 条通路中（图 4-4）。

较为显著的 GO 富集信号通路包括："脱落酸激活的信号通路""多细胞生物发育""类黄酮生物合成途径""对脱落酸的反应""对高光强的反应""类黄酮葡萄糖醛酸化""生长素响应""乙烯激活信号通路"（图 4-4）。

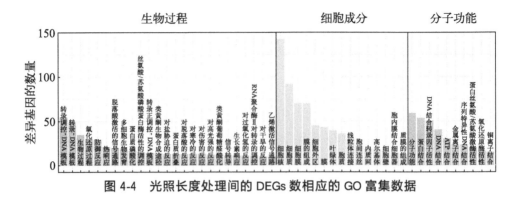

**图 4-4　光照长度处理间的 DEGs 数相应的 GO 富集数据**

DEGs 被归类为富含 20 条 KEGG 通路的基因（图 4-5）。结果表明，"植物激素信号转导""淀粉和蔗糖代谢"在已鉴定的 DEGs 中显著富集。

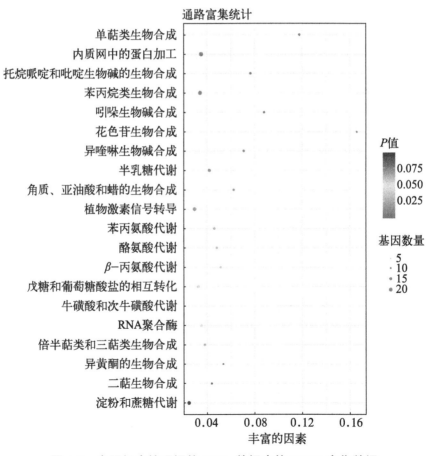

**图 4-5　光照长度处理间的 DEGs 数相应的 KEGG 富集数据**

在"淀粉和蔗糖代谢"途径中，在 16 个相关基因中 14 个表达下调（表 4-3）。这与之前研究中，可溶性糖和淀粉的含量测量基本是一致的，说明节数增长发育过程中有可溶性糖和淀粉的参与。

表 4-3　淀粉和蔗糖代谢途径的差异基因

| 基因 ID | 组间基因表达量的比值（FC） | $\log_2$ FC | 上调/下调监测 | 注释 |
|---|---|---|---|---|
| RcHm_v2.0_Chr4g0417331 | 2.40 | 1.26 | 上调 | 葡萄糖-1-磷酸腺苷基转移酶大亚基 3，叶绿体/淀粉样［月季］ |
| RcHm_v2.0_Chr2g0174811 | 0.13 | −2.94 | 下调 | $\beta$-葡萄糖苷酶 24-like 亚型 X1［月季］ |
| RcHm_v2.0_Chr5g0077961 | 0.12 | −3.10 | 下调 | 假定的糖苷酶［月季］ |
| RcHm_v2.0_Chr2g0117391 | 0.19 | −2.42 | 下调 | 转录因子相互作用因子和调控因子 CCHC（Zn）家族［月季］ |
| RcHm_v2.0_Chr2g0174781 | 0.30 | −1.73 | 下调 | 假定 $\beta$-葡萄糖苷酶［月季］ |
| RcHm_v2.0_Chr7g0195071 | 0.17 | −2.55 | 下调 | 假定的 RNA 反转录 DNA 聚合酶［月季］ |
| RcHm_v2.0_Chr1g0383431 | 0.15 | −2.72 | 下调 | 未鉴定蛋白 LOC112181468［月季］ |
| RcHm_v2.0_Chr3g0492921 | 0.15 | −2.77 | 下调 | 假定的 RNA 反转录 DNA 聚合酶［月季］ |
| RcHm_v2.0_Chr7g0187571 | 0.34 | −1.55 | 下调 | 颗粒结合淀粉合成酶 1，叶绿体/淀粉样［月季］ |
| RcHm_v2.0_Chr3g0484181 | 0.16 | −2.65 | 下调 | 葡聚糖-1,3-$\beta$-葡萄糖苷酶，碱性类异构体［月季］ |
| RcHm_v2.0_Chr7g0187351 | 4.81 | 2.27 | 上调 | 内切葡聚糖酶 CX-like［月季］ |

| 基因 ID | 组间基因表达量的比值（FC） | $\log_2$ FC | 上调/下调监测 | 注释 |
|---|---|---|---|---|
| RcHm_v2.0_Chr5g0044721 | 0.47 | −1.08 | 下调 | 葡聚糖内-1,3-$\beta$-葡萄糖苷酶14 亚型 X1 [月季] |
| RcHm_v2.0_Chr4g0404641 | 0.29 | −1.80 | 下调 | 假定的 $\alpha,\alpha$-海藻糖-磷酸合酶（UDP 形成）11 [月季] |
| RcHm_v2.0_Chr5g0017931 | 0.40 | −1.32 | 下调 | 假定的四氢小檗碱氧化酶 [月季] |
| RcHm_v2.0_Chr5g0017651 | 0.13 | −2.89 | 下调 | 假定的四氢小檗碱氧化酶 [月季] |
| RcHm_v2.0_Chr2g0125791 | 0.31 | −1.71 | 下调 | 未鉴定蛋白 LOC112190433 [月季] |

## 第五节
## 与激素相关的差异基因分析

在笔者关注的 686 个基因中，涉及脱落酸、生长素、乙烯、茉莉酸、油菜素内酯、水杨酸、赤霉素和细胞分裂素相关通路。激素相关基因中，差异基因数量排在前二位的是脱落酸和生长素相关基因（图 4-6）。

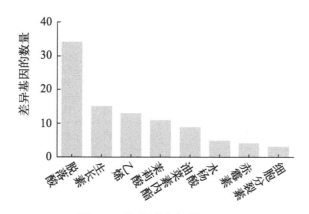

图 4-6　植物激素相关 DEGs

发现 94 个与激素相关的差异基因。其中脱落酸相关差异基因 34 个（表 4-4），分布在 9 个 GO 功能富集通路中（图 4-7）。生长素相关差异基因 15 个（表 4-5），分布在 5 个 GO 功能富集通路中（图 4-8）。二者之和占激素相关的差异基因的 50% 以上。因此，笔者推测脱落酸和生长素可能是影响月季花枝发育和茎秆长度变化的关键因素。

表 4-4　脱落酸相关差异基因

| 基因 ID | 组间基因表达量的比值（FC） | $\log_2$ FC | 上调/下调监测 | 注释 |
|---|---|---|---|---|
| 对脱落酸的反应 | | | | |
| RcHm_v2.0_Chr2g0090751 | 8.38 | 3.07 | 上调 | 多蛋白桥接因子 1c　[月季] |

| 基因 ID | 组间基因表达量的比值（FC） | log$_2$ FC | 上调/下调监测 | 注释 |
|---|---|---|---|---|
| RcHm_v2.0_Chr7g0180181 | 0.18 | −2.45 | 下调 | 类线粒体蛋白酶 AAA-AT-Pase ASD［月季］ |
| RcHm_v2.0_Chr1g0382431 | 0.26 | −1.94 | 下调 | 假定转录因子 hombox - wox 家族［月季］ |
| RcHm_v2.0_Chr2g0170351 | 2.29 | 1.20 | 上调 | 含锌指 AN1 结构域的应激相关蛋白［月季］ |
| RcHm_v2.0_Chr7g0236511 | 3.20 | 1.68 | 上调 | 含 NAC 结构域蛋白 83-like［月季］ |
| RcHm_v2.0_Chr7g0177631 | 2.13 | 1.09 | 上调 | 转录因子 MYB52［月季］ |
| RcHm_v2.0_Chr5g0071231 | 2.62 | 1.39 | 上调 | 铁蛋白-4，类叶绿体［月季］ |
| RcHm_v2.0_Chr5g0039751 | 2.07 | 1.05 | 上调 | 转录因子 WER-like［月季］ |
| RcHm_v2.0_Chr5g0051031 | 0.33 | −1.62 | 下调 | 含有 BURP 结构域的蛋白 3-like［月季］ |
| RcHm_v2.0_Chr7g0187141 | 0.39 | −1.34 | 下调 | 转录因子 MYC2-like 异构体 X1［月季］ |
| RcHm_v2.0_Chr3g0486641 | 16.0 | 4.00 | 上调 | 半乳糖醇合成酶 2-like［月季］ |
| RcHm_v2.0_Chr3g0457631 | 2.34 | 1.23 | 上调 | 半乳糖醇合成酶 2-like［月季］ |
| RcHm_v2.0_Chr7g0225171 | 0.46 | −1.12 | 下调 | 果糖-1，6-二磷酸酶，细胞质样异构体 X1［月季］ |
| RcHm_v2.0_Chr1g0324861 | 0.93 | −0.10 | 下调 | 酪氨酸脱羧酶 1-like［月季］ |
| 脱落酸激活信号通路 | | | | |
| RcHm_v2.0_Chr4g0425181 | 0.26 | −1.93 | 下调 | 主要过敏原 ar 1-like［月季］ |
| RcHm_v2.0_Chr4g0424011 | 0.28 | −1.86 | 下调 | 主要过敏原 ar 1-like［月季］ |
| RcHm_v2.0_Chr1g0382431 | 0.26 | −1.94 | 下调 | 假定转录因子 hombox - wox 家族［月季］ |
| RcHm_v2.0_Chr4g0423971 | 0.12 | −3.00 | 下调 | 主要过敏原 ar 1-like［月季］ |

| 基因 ID | 组间基因表达量的比值（FC） | log₂ FC | 上调/下调监测 | 注释 |
|---|---|---|---|---|
| RcHm_v2.0_Chr4g0424021 | 0.24 | −2.05 | 下调 | 主要过敏原 ar 1-like［月季］ |
| RcHm_v2.0_Chr4g0423961 | 0.20 | −2.35 | 下调 | 主要过敏原 ar 1-like［月季］ |
| RcHm_v2.0_Chr4g0425171 | 0.14 | −2.86 | 下调 | 主要过敏原 ar 1-like［月季］ |
| RcHm_v2.0_Chr4g0423711 | 0.16 | −2.61 | 下调 | 假定的 start 样结构域，Bet vⅠ型过敏原［月季］ |
| RcHm_v2.0_Chr4g0423991 | 0.19 | −2.43 | 下调 | 主要过敏原 ar 1-like［月季］ |
| RcHm_v2.0_Chr4g0423641 | 0.15 | −2.74 | 下调 | 主要过敏原 ar 1-like［月季］ |
| RcHm_v2.0_Chr2g0141781 | 0.21 | −2.27 | 下调 | LRR 受体样丝氨酸/苏氨酸蛋白激酶 IOS1［月季］ |
| RcHm_v2.0_Chr4g0423661 | 0.14 | −2.80 | 下调 | 主要过敏原 ar 1-like［月季］ |
| RcHm_v2.0_Chr4g0423691 | 0.18 | −2.47 | 下调 | 主要过敏原 ar 1-like［月季］ |
| RcHm_v2.0_Chr4g0423701 | 0.08 | −3.66 | 下调 | 主要过敏原 ar 1-like［月季］ |
| RcHm_v2.0_Chr4g0423721 | 0.20 | −2.32 | 下调 | 主要过敏原 ar 1-like［月季］ |
| RcHm_v2.0_Chr7g0201401 | 0.19 | −2.43 | 下调 | 主要过敏原 ar 1-like［月季］ |
| RcHm_v2.0_Chr3g0477181 | 0.10 | −3.40 | 下调 | 钙依赖性蛋白激酶 26-like［月季］ |
| RcHm_v2.0_Chr4g0441811 | 2.33 | 1.22 | 上调 | 蛋白 C2-DOMAIN ABA-RE-LATED 9-like［月季］ |
| RcHm_v2.0_Chr3g0461391 | 0.12 | −3.05 | 下调 | 假定蛋白 RchiOBHm_Chr3g0461391［月季］ |
| RcHm_v2.0_Chr7g0187141 | 0.39 | −1.34 | 下调 | 转录因子 myc2-like 异构体 |
| 脱落酸结合 | | | | |
| RcHm_v2.0_Chr4g0425181 | 0.26 | −1.93 | 下调 | 主要过敏原 ar 1-like［月季］ |

| 基因 ID | 组间基因表达量的比值（FC） | $\log_2$ FC | 上调/下调监测 | 注释 |
|---|---|---|---|---|
| RcHm_v2.0_Chr4g0424011 | 0.28 | −1.86 | 下调 | 主要过敏原 ar 1-like［月季］ |
| RcHm_v2.0_Chr4g0423971 | 0.12 | −3.00 | 下调 | 主要过敏原 ar 1-like［月季］ |
| RcHm_v2.0_Chr4g0424021 | 0.24 | −2.05 | 下调 | 主要过敏原 ar 1-like［月季］ |
| RcHm_v2.0_Chr4g0423961 | 0.20 | −2.35 | 下调 | 主要过敏原 ar 1-like［月季］ |
| RcHm_v2.0_Chr4g0425171 | 0.14 | −2.86 | 下调 | 主要过敏原 ar 1-like［月季］ |
| RcHm_v2.0_Chr4g0423711 | 0.16 | −2.61 | 下调 | 假定的 start 样结构域，Bet v I 型过敏原［月季］ |
| RcHm_v2.0_Chr4g0423991 | 0.19 | −2.43 | 下调 | 主要过敏原 ar 1-like［月季］ |
| RcHm_v2.0_Chr4g0423641 | 0.15 | −2.74 | 下调 | 主要过敏原 ar 1-like［月季］ |
| RcHm_v2.0_Chr4g0423661 | 0.14 | −2.80 | 下调 | 主要过敏原 ar 1-like［月季］ |
| RcHm_v2.0_Chr4g0423691 | 0.18 | −2.47 | 下调 | 主要过敏原 ar 1-like［月季］ |
| RcHm_v2.0_Chr4g0423701 | 0.08 | −3.66 | 下调 | 主要过敏原 ar 1-like［月季］ |
| RcHm_v2.0_Chr4g0423721 | 0.20 | −2.32 | 下调 | 主要过敏原 ar 1-like［月季］ |
| RcHm_v2.0_Chr7g0201401 | 0.19 | −2.43 | 下调 | 主要过敏原 ar 1-like［月季］ |
| RcHm_v2.0_Chr3g0461391 | 0.12 | −3.05 | 下调 | 假定蛋白 RchiOBHm_Chr3g0461391［月季］ |
| 脱落酸激活信号通路的负向调控 | | | | |
| RcHm_v2.0_Chr2g0141781 | 0.21 | −2.27 | 下调 | LRR 受体样丝氨酸/苏氨酸蛋白激酶 IOS1［月季］ |
| 脱落酸运输 | | | | |
| RcHm_v2.0_Chr6g0299911 | 0.28 | −1.82 | 下调 | 假定的质子依赖性寡肽转运蛋白家族，主要促进剂超家族［月季］ |

| 基因 ID | 组间基因表达量的比值（FC） | log₂ FC | 上调/下调监测 | 注释 |
|---|---|---|---|---|
| 脱落酸跨膜转运蛋白活性 | | | | |
| RcHm_v2.0_Chr6g0299911 | 0.28 | −1.82 | 下调 | 假定的质子依赖性寡肽转运蛋白家族，主要促进剂超家族［月季］ |
| 脱落酸激活信号通路的正向调控 | | | | |
| RcHm_v2.0_Chr4g0441811 | 2.33 | 1.22 | 上调 | 蛋白 C2-DOMAIN ABA-RE-LATED 9-like［月季］ |
| 脱落酸代谢途径 | | | | |
| RcHm_v2.0_Chr5g0065871 | 3.75 | 1.91 | 上调 | 脱落酸 8′-羟化酶 2 异构体 X2［月季］ |
| 脱落酸生物合成途径 | | | | |
| RcHm_v2.0_Chr5g0027901 | 2.02 | 1.02 | 上调 | 9-顺式环氧类胡萝卜素双加氧酶 NCED1，叶绿体-like［月季］ |

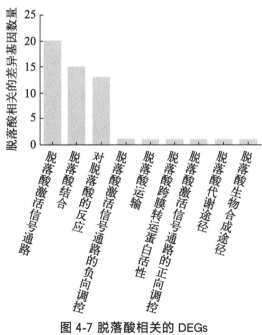

图 4-7 脱落酸相关的 DEGs

## 表 4-5 生长素相关差异基因

| 基因 ID | 组间基因表达量的比值（FC） | log₂ FC | 上调/下调监测 | 注释 |
|---------|---------|---------|---------|------|
| 生长素响应 | | | | |
| RcHm_v2.0_Chr2g0137311 | 3.29 | 1.72 | 上调 | 生长素诱导蛋白 AUX22-like［月季］ |
| RcHm_v2.0_Chr4g0424331 | 4.76 | 2.25 | 上调 | myb 相关蛋白 P-like［月季］ |
| RcHm_v2.0_Chr7g0241861 | 2.91 | 1.54 | 上调 | 转录因子 MYB30-like［月季］ |
| RcHm_v2.0_Chr1g0362991 | 0.15 | −2.74 | 下调 | 生长素响应蛋白 SAUR50-like［月季］ |
| RcHm_v2.0_Chr2g0137301 | 2.28 | 1.19 | 上调 | 生长素响应蛋白 IAA17-like［月季］ |
| RcHm_v2.0_Chr7g0210481 | 4.35 | 2.12 | 上调 | 假定的小生长素上调［月季］ |
| RcHm_v2.0_Chr7g0210621 | 2.92 | 1.55 | 上调 | 生长素诱导蛋白 15A-like［月季］ |
| RcHm_v2.0_Chr7g0210731 | 4.69 | 2.23 | 上调 | 生长素诱导蛋白 15A-like［花椒亚属］ |
| RcHm_v2.0_Chr2g0161271 | 18.3 | 4.20 | 上调 | 转录因子 MYB4-like［月季］ |
| RcHm_v2.0_Chr2g0124531 | 2.68 | 1.42 | 上调 | 生长素诱导蛋白 15A-like［月季］ |
| RcHm_v2.0_Chr7g0236511 | 3.20 | 1.68 | 上调 | NAC 结构域蛋白 83-like［月季］ |
| 生长素激活的信号通路 | | | | |
| RcHm_v2.0_Chr2g0137311 | 3.29 | 1.72 | 上调 | 生长素诱导蛋白 AUX22-like［月季］ |
| RcHm_v2.0_Chr2g0137301 | 2.28 | 1.19 | 上调 | 生长素响应蛋白 IAA17-like［月季］ |
| 生长素生物合成途径 | | | | |
| RcHm_v2.0_Chr3g0491721 | 0.13 | −3.00 | 下调 | 4-香豆酸-辅酶 a 连接酶 7-like［花椒亚属］ |
| RcHm_v2.0_Chr3g0462091 | 6.89 | 2.78 | 上调 | 色氨酸合成酶-like［月季］ |

| 基因 ID | 组间基因表达量的比值（FC） | log₂FC | 上调/下调监测 | 注释 |
|---|---|---|---|---|
| RcHm_v2.0_Chr5g0067051 | 2.66 | 1.41 | 上调 | 色氨酸合成酶-like［月季］ |
| 生长素代谢途径 | | | | |
| RcHm_v2.0_Chr3g0491721 | 0.13 | −3.00 | 下调 | 4-香豆酸-辅酶 a 连接酶 7-like［花椒亚属］ |
| 生长素分解代谢途径 | | | | |
| RcHm_v2.0_Chr2g0096111 | 2.55 | 1.35 | 上调 | 2-氧戊二酸依赖的双加氧酶-like［月季］ |

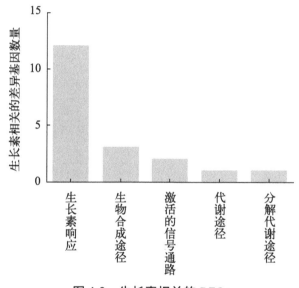

图 4-8　生长素相关的 DEGs

　　为了明确脱落酸和生长素相关差异基因的功能，笔者绘制了脱落酸合成途径，生长素信号转导途径和合成途径（图 4-9）。在生长素信号转导途径中，发现 AUX/IAA（*RhChr2g0137311*、*RhChr2g0137301*），SAUR（*Rh-Chr7g0210481*、*RhChr7g0210621*、*RhChr7g0210731*、*RhChr2g0124531*）显著差异。在 AUX/IAA 中，*RhChr2g0137301* 在光照长度 12h 相对于 8h 上调，在 SAUR 中 *RhChr7g0210621*、*RhChr7g0210731* 在光照长度 12h 相

对于 8h 下调，*RhChr7g0210481*、*RhChr2g0124531* 在光照长度 12h 相对于 8h 下调 [图 4-9（a）]。有趣的是在生长素合成途径中，发现 *DDC*（*RhChr1g0324861*）在光照长度 12h 相对于 8h 表达显著上调 [图 4-9（b）]。

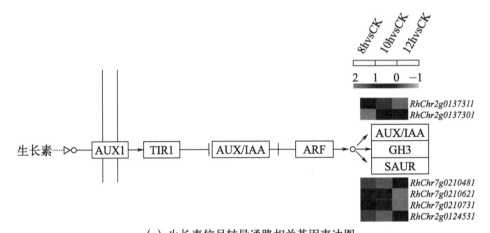

（a）生长素信号转导通路相关基因表达图
AUX/IAA：生长素反应蛋白IAAS（*RhChr2g0137311*; *RhChr2g0137301*）；
SAUR：SAUR家族蛋白（*RhChr7g0210481*; *RhChr7g0210621*; *RhChr7g0210731*; *RhChr2g0124531*）

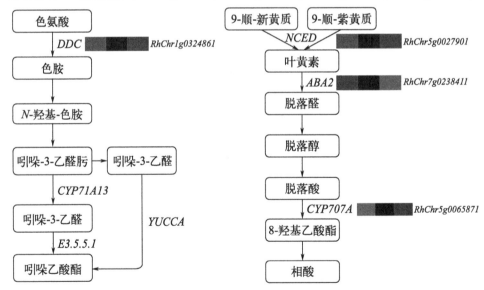

（b）生长素合成途径相关基因表达图
*DDC*：（*RhChr1g0324861*）

（c）脱落酸合成途径相关基因表达图
*NCED*：（*RhChr5g0027901*）；*ABA2*：（*RhChr7g0238411*）；*CYP707A*：（*RhChr5g0065871*）

**图 4-9 光照长度处理参与枝节数发育的植物激素信号转导和合成途径 DEGs 热图（见彩图）**

注：红色和绿色分别表示从三个比较中上调和下调的转录本（$\log_2$ 倍数变化）

在光照长度 8h 和 12h 处理间脱落酸合成途径中，*NCED*（*RhChr5g0027901*）、*ABA2*（*RhChr7g0238411*）、*CYP707A*（*RhChr5g0065871*）均表达差异显著。其中 *NCED*（*RhChr5g0027901*）和 *CYP707A*（*RhChr5g0065871*）基因表达量在 12h 中相对于 8h 显著上调，*ABA2*（*RhChr7g0238411*）显著下调［图 4-9（c）］。

为了进一步验证假设的可能性，笔者通过 qRT-PCR 检测光照长度 8h、10h 和 12h 处理下与脱落酸、生长素相关的基因。参与脱落酸生物合成基因 *RhChr7g0238411*（*RhNEPS1-like*）表达量随光照长度的增加呈显著下降趋势，*RhChr5g0065871*（*RhCYP707A*）表达量呈现了显著的上升趋势［图 4-10（a）］。参与生长素生物合成的基因 *RhChr1g0324861*

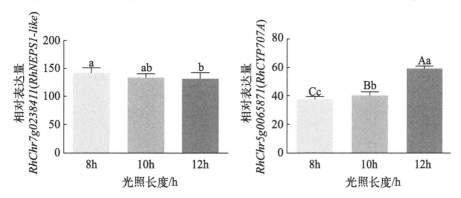

(a)脱落酸合成相关基因*RhNEPS1-like*和*RhCYP707A*

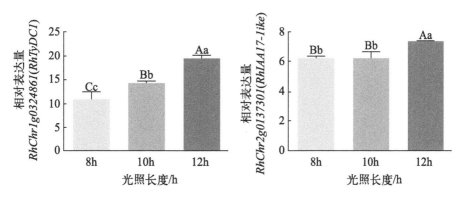

(b)生长素合成基因*RhTyDC1*和生长素信号转导基因*RhIAA17-like*

图 4-10　qRT-PCR 分析影响枝节数发育的脱落酸和生长素相关基因

注：图中灰色矩形上部不同英文字母代表差异显著性

（*RhTyDC1*）及生长素信号转导基因 *RhChr2g0137301*（*RhIAA17-like*）如图 4-10（b）所示，随着光照长度的增加两个基因的表达量上升。结果表明，生长素和脱落酸可能是调控夏季月季花枝发育的关键激素。

# 第六节
# 光照长度对切花月季茎尖生长素和脱落酸的影响

　　光照长度 8h、10h 和 12h 处理下第 3 天的茎尖脱落酸和生长素含量测定显示，光照长度与脱落酸含量呈负相关，8h、10h 和 12h 处理间存在显著差异 [图 4-11（a）]。光照长度与生长素含量呈正相关，8h、10h 和 12h 处理间存在显著差异 [图 4-11（b）]。研究结果表明脱落酸和生长素参与夏季切花月季花枝发育的调控。

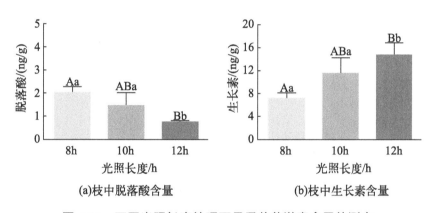

(a)枝中脱落酸含量　　　　　　(b)枝中生长素含量

**图 4-11　不同光照长度处理下月季花茎激素含量的测定**

　　综上所述，笔者提出了光照长度调控夏季切花月季枝发育机制模型（图 4-12）。在寒地夏季的气候条件下，增加光照长度可以降低 *Rh-NEPS1-like* 的表达、促进了 *RhCYP707A*、*RhTyDC1*、*RhIAA17-like* 基因的表达。而 *RhNEPS1* 属于脱落酸合成途径基因，*RhCYP707A* 属于脱落酸分解途径基因，*RhTyDC1* 属于生长素合成途径基因，*RhIAA17-like* 属于生长素信号转导途径基因。有趣的是激素测定也证实了光照长度与月季枝中脱落酸含量变化呈负相关，与枝中生长素含量变化呈正相关。因此推断光照长度调控脱落酸相关基因、生长素合成基因和生长素信号转导基因的表达，影响了枝中脱落酸和生长素的含量，导致节数的变化，从而参与了切花月季夏季短枝现象的调控，但脱落酸可能直接或间接影响了节数的发育。

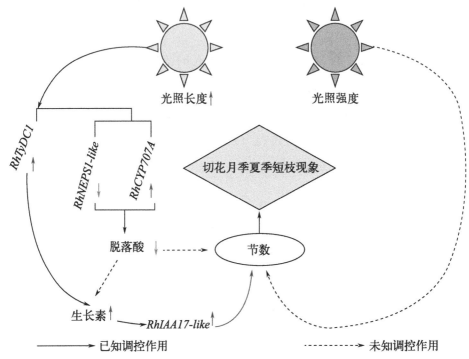

图 4-12　光照长度参与调控夏季短枝现象的模型

# 第五章

# 光照强度影响切花月季夏季花枝发育的差异基因分析

# 第一节
## 试验材料选择及试验方法

### 一、试验材料

采用月季品种'卡罗拉',栽培、管理及修剪方法见第三章、第一节"一、试验材料选择"。依据石蜡切片显示,在光照强度处理第三天,100％光强处理最先开始花芽分化,即节数达到最大值。笔者以光照强度处理 0 天为 CK,光照强度 100％、60％处理后第三天的茎尖为样品进行测序,3 次生物学重复。命名为 CK＿1、CK＿2、CK＿3、100％＿1、100％＿2、100％＿3、60％＿1、60％＿2、60％＿3 等总共 9 个样品。样品采集方法(图 2-4)。

### 二、试验方法

RNA 样本提取、总 RNA 提取、cDNA 文库构建及测序方法如下。

#### 1. RNA 样本提取

取样同光照长度处理,上午 8 点采集 5～10 个月季茎尖混样,3 次生物学重复。每个样品放入标号的锡纸包中,全部样品液氮取样,保存在－80℃超低温冰箱中。

#### 2. 总 RNA 提取

TRIzol 方法对总样品的 RNA 进行分离和纯化、cDNA 文库构建及测序。具体操作同光照长度处理。

#### 3. qRT-PCR 分析

为了验证 RNA-seq 结果,进行 qRT-PCR 分析,具体操作同第四章第一节。qRT-PCR 引物序列见表 5-1。

表 5-1  qRT-PCR 引物

| 基因 | 上游引物 | 下游引物 | 退火温度/℃ |
|---|---|---|---|
| *Chr1g0369771* | GCAATGTGGAAGCCTCAGAAGTT | CAGTAGACAGCAGTAGCAGATGGA | 60 |
| *Chr2g0124531* | GGCTATGATTGGTCGTCAACTGA | GGAGTCGCTATTTGTCTGCTTCA | 60 |
| *Chr2g0137311* | GGTATAGGCGAGGTGTTGAAGG | CGTCTCCCACTAGCATCCAATC | 60 |
| *Chr6g0278591* | GTATGCGTTGCTGGAGAC | TCACCGAGAAACCTTGCTA | 58 |
| *Chr7g0204941* | CTGGTTGGAGATGCTTGG | TGCTGGTCCTGAGTCAAT | 58 |
| *Chr7g0210621* | ATCATCCAATGGGCGGTATCA | TCTCATCTTTCAGTCACACACTCA | 60 |
| *Chr5g0065871* | CCTTCACCACCTCACAACTAC | CCTGTTTGGGAACTGGGAAA | 60 |
| *Chr7g0210481* | CCTTCCTTGATCTCACTTCC | TCGTCTTCATCTGGAGTCA | 58 |

## 第二节
# 样品总 RNA 含量和质量检测

根据石蜡切片的试验结果研究节数发育的分子机制。笔者以光照强度处理 0d（对照，CK），光照强度 60％和 100％处理后第 3 天的茎尖样品进行测序。从每个文库的 RNA 测序中产生了总的 Reads 数量 5.37G～8.01G，有效数据总数据量 5.30G～7.90G，有效 Reads 所占比例 97.67％～98.76％，Q20％均为 99.99％，Q30％在 97.96％以上，GC 含量所占比例 45.5％以上（表 5-2）。

表 5-2　参考基因组比对读取统计数据

| 样本 | 原始数据 | | 有效数据 | | 有效 Reads 比例 /％ | Q20％ /％ | Q30％ /％ | GC 含量 /％ |
|---|---|---|---|---|---|---|---|---|
| | Read | Base | Read | Base | | | | |
| CK_1 | 45672194 | 6.85G | 45063622 | 6.76G | 98.67 | 99.99 | 98 | 46 |
| CK_2 | 45855412 | 6.88G | 44908802 | 6.74G | 97.94 | 99.99 | 98.21 | 45.5 |
| CK_3 | 48973206 | 7.35G | 48342928 | 7.25G | 98.71 | 99.99 | 97.99 | 45.5 |
| 100％_1 | 35799706 | 5.37G | 35341374 | 5.30G | 98.72 | 99.99 | 97.96 | 46 |
| 100％_2 | 40847360 | 6.13G | 40310280 | 6.05G | 98.69 | 99.99 | 98.07 | 45.5 |
| 100％_3 | 41611838 | 6.24G | 41022858 | 6.15G | 98.58 | 99.99 | 98.06 | 45.5 |
| 60％_1 | 53420826 | 8.01G | 52679532 | 7.90G | 98.61 | 99.99 | 98.14 | 45.5 |
| 60％_2 | 39583810 | 5.94G | 39091914 | 5.86G | 98.76 | 99.99 | 98.03 | 46 |
| 60％_3 | 43235106 | 6.49G | 42225896 | 6.33G | 97.67 | 99.99 | 98.06 | 45 |

## 第三节
# 基因定量与样品相关性分析

为了验证光照强度处理的 RNA-seq 数据的可信度，笔者将所有的样本进行了 Pearson 相关系数的分析（图 5-1），表明 RNA 序列数据集具有较高的相关性，同时表明转录组数据的可靠性。

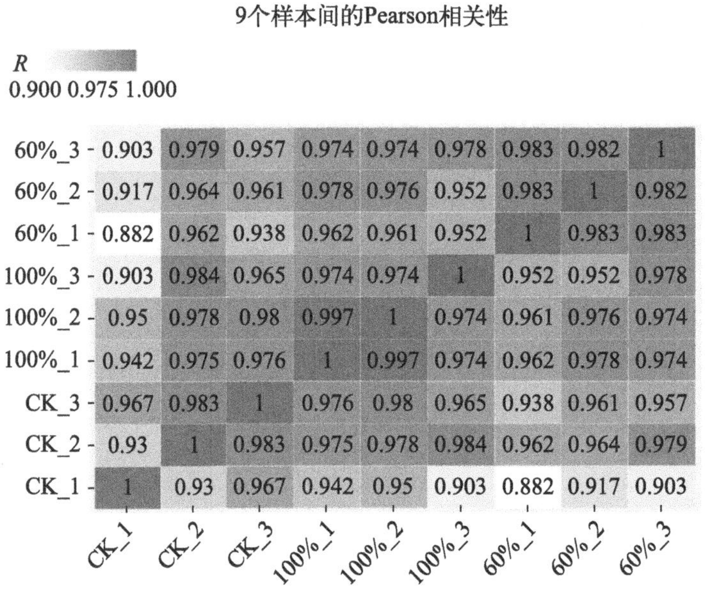

图 5-1　转录组数据的验证

为了验证 RNA-seq 数据的质量，随机选择了 6 个转录本进行 RT-PCR 分析，6 个转录本的表达趋势基本与 RNA-seq 表达一致（图 5-2），结果表明 RNA-seq 数据具有可靠性。

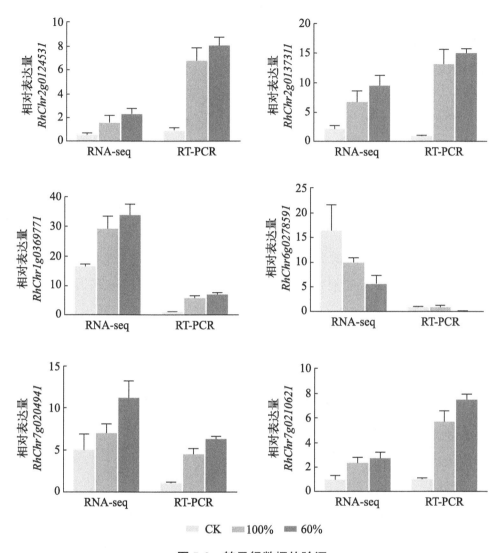

图 5-2　转录组数据的验证

## 第四节
## 基因差异表达分析

月季茎尖样品在不同光照强度处理后，笔者对上调表达的基因和下调表达的基因进行汇总，以差异倍数 FC≥2 或 FC≤0.5（即 $\log_2$FC 的绝对值≥1）和 $P < 0.05$ 为标准，筛选出差异基因。在 60％、100％和 CK 各处理样品中共鉴定出 2940 个差异表达基因，其中 60％和 CK 比较结果 499 个上调的 DEGs 和 837 个下调的 DEGs，80％和 CK 比较结果 932 个上调的 DEGs 和 672 个下调的 DEGs［图 5-3（a）］。结合上文处理间表形的差异，笔者着重关注了光照强度 60％与 80％处理的共有差异基因，确定了 373 个差异基因［图 5-3（b）］。

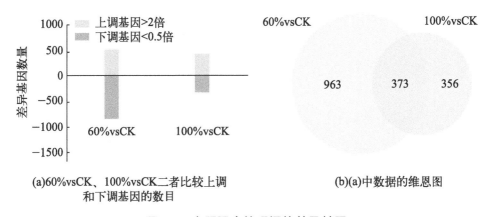

(a)60%vsCK、100%vsCK二者比较上调　　　　(b)(a)中数据的维恩图
和下调基因的数目

图 5-3　光照强度处理间的差异基因

运用 GO 分析 DEGs 对花枝节数影响，富集了 24 条通路，较为显著的 GO 富集信号通路包括："生长素响应""热响应""信号转导""对脱落酸的反应""对高光强的响应""生长素激活的信号通路"（图 5-4）。结果表明，生长素、脱落酸及信号转导在鉴定的 DEGs 中显著富集。

DEGs 通过 KEGG 分五大类，包括：细胞过程、环境信息处理、遗传信息处理、新陈代谢及有机体系统。其中富集数据主要集中在其他次生代谢物的生物合成、氨基酸代谢、脂质代谢（图5-5）。

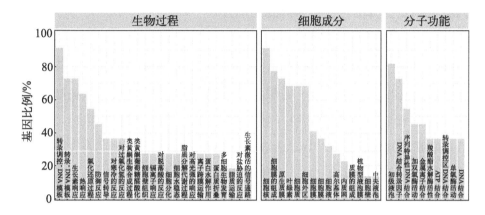

图 5-4　光照强度处理间的 DEGs 的 GO 富集数据

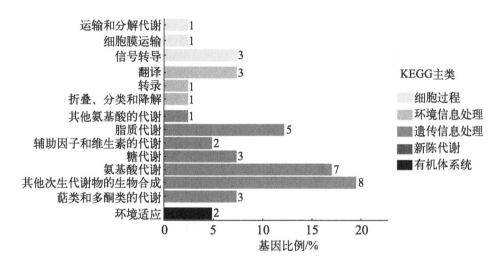

图 5-5　光照强度处理间的 DEGs 的 KEGG 富集数据

# 第五节
# 与激素相关的差异基因分析

在笔者关注的 373 个基因中，发现 39 个与激素相关的 DEGs。这些 DEGs 涉及脱落酸、生长素、乙烯、茉莉酸、油菜素内酯、水杨酸、赤霉素和细胞分裂素。激素中 DEGs 数量前二位的是脱落酸和生长素（图 5-6）。其中脱落酸 DEGs 13 个（表 5-3），生长素 DEGs 7 个（表 5-4），二者之和占激素总 DEGs 50％以上。因此，笔者推测脱落酸和生长素可能影响了月季枝发育。

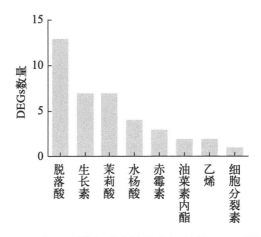

图 5-6　在不同激素反应途径中相关的 DEGs 数量

表 5-3　脱落酸途径相关差异基因

| 基因 ID | 组间基因表达量的比值（FC） | $\log_2$ FC | 上调/下调监测 | 注释 |
|---|---|---|---|---|
| RhChr3g0468461 | 0.29 | −1.77 | 下调 | REVEILLE 8-like 蛋白［月季］ |

| 基因 ID | 组间基因表达量的比值（FC） | log₂ FC | 上调/下调监测 | 注释 |
|---|---|---|---|---|
| RhChr2g0169591 | 0.32 | −1.65 | 下调 | AAA-ATPase At3g28580-like 异构体 X1 [月季] |
| RhChr4g0424011 | 0.26 | −1.95 | 下调 | 主要过敏原 Pru‐1‐like [月季] |
| RhChr5g0065871 | 3.14 | 1.65 | 上调 | 脱落酸 8′-羟化酶 2 异构体 X2 [月季] |
| RhChr4g0423711 | 0.19 | −2.43 | 下调 | 假定的 start 样结构域，Bet v I 型过敏原 [月季] |
| RhChr6g0277321 | 0.35 | −1.51 | 下调 | 乙醇脱氢酶 [月季] |
| RhChr4g0423961 | 0.28 | −1.85 | 下调 | 主要过敏原 Pru av -like [月季] |
| RhChr4g0410091 | 0.31 | −1.69 | 下调 | 主要过敏原 Pru av -like [月季] |
| RhChr4g0423721 | 0.22 | −2.15 | 下调 | 主要过敏原 Pru av -like [月季] |
| RhChr4g0423991 | 0.29 | −1.80 | 下调 | 主要过敏原 Pru av -like [月季] |
| RhChr4g0423701 | 0.15 | −2.70 | 下调 | 主要过敏原 Pru av -like [月季] |
| RhChr1g0361301 | 0.17 | −2.57 | 下调 | LHY-like 蛋白 [月季] |
| RhChr4g0424121 | 0.34 | −1.55 | 下调 | 主要过敏原 Pru av -like [月季] |

表 5-4　生长素途径相关差异基因

| 基因 ID | 组间基因表达量的比值（FC) | $\log_2$ FC | 上调/下调监测 | 注释 |
|---|---|---|---|---|
| RhChr1g0361301 | 0.17 | −2.57 | 下调 | LHY-like 蛋白［月季］ |
| RhChr3g0468461 | 0.29 | −1.77 | 下调 | REVEILLE 8-like 蛋白［月季］ |
| RhChr2g0137311 | 4.22 | 2.08 | 上调 | 低质量蛋白：生长素诱导蛋白 AUX22-like［月季］ |
| RhChr2g0115271 | 0.46 | −1.12 | 下调 | 肌醇-3-磷酸合酶［月季］ |
| RhChr7g0210481 | 4.16 | 2.06 | 上调 | 假定的生长素合成小 RNA［月季］ |
| RhChr2g0124531 | 3.70 | 1.89 | 上调 | 生长素诱导蛋白 15A-like［月季］ |
| RhChr7g0210621 | 2.82 | 1.49 | 上调 | 生长素诱导蛋白 15A-like［月季］ |

# 第六节
# qRT-PCR 验证

为了从基因表达上证实脱落酸和生长素可能影响了月季枝发育的推断。笔者首先将脱落酸和生长素相关的差异基因在激素信号转导通路和合成通路进行比对，发现脱落酸相关基因 *RhChr5g0065871* （*RhCYP707A*）和生长素信号转导通路中 *RhChr7g0210621* （*RhAIP15A-like*），并运用 qRT-PCR 检测光照强度 60％ 和 80％ 处理下基因的表达量，发现随着光照强度的增加 *RhChr5g0065871* 和 *RhChr7g0210621* 表达量呈现上升趋势（图 5-7）。结果表明，生长素和脱落酸可能也是光照强度调控夏季月季枝发育的重要机制。

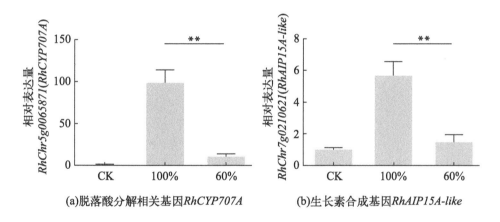

(a)脱落酸分解相关基因*RhCYP707A*  (b)生长素合成基因*RhAIP15A-like*

**图 5-7  qRT-PCR 分析脱落酸和生长素相关基因**

注：** 表示差异极显著 （$P<0.01$）

综上所述，笔者提出了光照强度调控夏季切花月季枝发育机制模型（图 5-8）。在寒地夏季的气候条件下，增加光照强度可以促进 *RhC-YP707A* 和 *RhAIP15A-like* 基因的表达。实验表明，*RhCYP707A* 属于脱落酸合成途径基因，*RhAIP15A-like* 属于生长素合成途径基因（图 5-7）。

因此笔者推断光照长度调控脱落酸合成基因、生长素合成基因和生长素信号转导基因的表达，影响了枝中脱落酸和生长素的含量，导致节数的变化，从而参与了切花月季夏季短枝现象的调控，但脱落酸可能直接或间接影响了节数的发育。

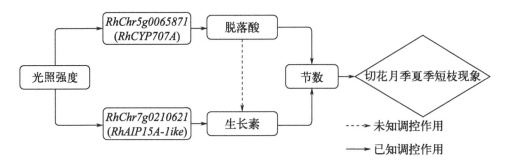

图 5-8　光照强度参与调控夏季短枝现象的模型

# 第六章

# *RhSAUR14* 候选基因的功能验证

# 第一节
# 试验材料选择及试验方法

## 一、试验材料

### 1. 植物材料

选择月季品种'卡罗拉'为试验材料（图 6-1）。光照长度（8h、10h、12h、CK）和光照强度（60%、100%、CK）不同处理后第三天对月季茎尖进行采样。上午 8 点取样，锡箔纸包裹后迅速放入液氮中，保存于－80℃冰箱中。拟南芥（*Arabidopsis thaliana*）由东北农业大学园林植物育种实验室保存。

图 6-1　试验材料：月季品种'卡罗拉'

## 2. 试验药品

试验药品及试剂见表 6-1。

表 6-1　药品及试剂

| 名称 | 生产厂家 |
| --- | --- |
| 2×BioRun Magic PCR Mix （#RAA00） | Biorun |
| 2×BioRun Pfu PCR Mix （#RBC00） | Biorun |
| BioRun Seamless Cloning Kit （#RDA01） | Biorun |
| 感受态细胞 | Biorun |
| Magic Ruler DNA marker （#RBA00） | Biorun |
| BsmBI （#RCA01） | Biorun |
| BsaI （#RCA02） | Biorun |
| BbsI （#RCA03） | Biorun |
| EcorV | NEB |
| NaCl | Sigma |
| Yeast Extract | Sigma |
| Tryptone | Sigma |
| 氨苄青霉素 （Ampicillin，Amp） | 哈尔滨恒诚科技有限公司 |
| 卡那霉素 （kanamycin，Kana） | 哈尔滨恒诚科技有限公司 |
| 利福平 （Rifampicin，Rif） | 哈尔滨恒诚科技有限公司 |
| 头孢噻吩 （Cefinase，Cef） | 哈尔滨恒诚科技有限公司 |
| 乙酰丁香酮 （Acetosyringone，As） | 哈尔滨恒诚科技有限公司 |
| DNA 2000bpMarker | 康为世纪公司 |
| DNA Marker supper marker | 康为世纪公司 |

| 名称 | 生产厂家 |
|---|---|
| Cellulase R10 | Biorun |
| Macerozyme R10 | Biorun |
| Mannitol | Biorun |
| MES（pH5.7） | Biorun |
| $CaCl_2$ | 国药集团化学试剂有限公司 |
| PEG4000 | BIOSHARP |
| $KH_2PO_4$ | 国药集团化学试剂有限公司 |
| $MgCl_2 \cdot 6H_2O$ | 国药集团化学试剂有限公司 |

药品配制方法如下。

① 0.1g/ml Kana：溶解 1g 卡那霉素于适量的水中。定容至 10ml，过滤灭菌后分装，-20℃贮存。

② 0.05g/ml Rif：用二甲基亚砜（DMSO）溶解 0.5g Rif 定容至 10ml。过滤灭菌后分装，-20℃贮存。

③ 0.1mol/L MES：2.13g MES 溶解于 8ml 水中。pH 值调至 5.6 后定容为 10ml，过滤灭菌后分装，4℃贮存。

④ 0.1 mol/L As：1.96g As 溶解于 DMSO 中，定容至 10ml，过滤灭菌后分装，4℃贮存。

⑤ 0.1mol/L $MgCl_2$：0.203g 的 $MgCl_2 \cdot 6H_2O$ 溶解于 10ml 水中，过滤灭菌。

⑥ 0.1g/ml Cef：1g Cef 溶于 10ml 水中，过滤灭菌后分装，-20℃贮存。

⑦ 酶解液：Cellulase R10 0.15g，Macerozyme R10 0.075g，Mannitol 1.093g，MES 100mmol/L 母液取 1ml，$H_2O$ 定容至 10ml，调整 pH 值至 5.8。

⑧ PEG4000 溶液：Mannitol 1.093g，$CaCl_2$ 0.11g，PEG4000 4g，$H_2O$ 定容至 10ml，调整 pH 值至 5.8。

⑨ W5 溶液：NaCl（58.5）0.9g，$CaCl_2$（111）1.39g，$KH_2PO_4$（136）0.068g，MES 100mmol/L 母液取 2ml，Glucose（180）0.09g，$H_2O$ 定容至 10ml，pH 值为 5.7～5.8。110℃灭菌后，50ml/瓶分装，冰冻放置。

⑩ MMG 溶液：Mannitol 0.72g，$MgCl_2 \cdot 6H_2O$（203）0.03g，MES 100mmol/L 母液取 0.4ml，$H_2O$ 定容至 10ml，pH 值为 5.7～5.8。110℃灭菌后，1.5ml/管分装冰冻放置。

### 3. 试验仪器

仪器名称、型号及生产者见表6-2。

表 6-2　试验仪器

| 名称 | 型号 | 生产者 |
| --- | --- | --- |
| 基因扩增仪 | A48141 | Eppendorf |
| 凝胶成像分析系统 | ZF-5 | Thermo Fisher |
| 手提式紫外分析仪 | A48141 | Thermo Fisher |
| 通用电泳仪电源 | JY300C | Thermo Fisher |
| 恒温水浴锅 | W14M-2 | 美国 SHELLAB |
| 离心机 | Thermo Sorvall ST16R | Thermo Fisher |
| 移液器（0.5～10μl） | 3120 000.224 | Eppendorf |
| 恒温培养摇床 | NRY-2102C | Thermo Scientific |
| 超微量紫外可见分光光度计 | Q6000 | Nano drop |
| 超净工作台 | BCM-1300-A | 苏州安泰空气技术有限公司 |
| 激光共聚焦显微镜 | Nikon C2-ER | Nikon |

### 4. 引物设计

笔者从光照长度和光照强度处理转录组测序数据中获得公共关键基因作为候选基因。使用 Primer Premier 5.0 软件以全长序列为模板设计上下游引物，扩增候选基因的全长序列。根据扩增出来的基因序列设计荧光定量引物及亚细胞定位引物，所有引物由上海生工生物工程技术服务有限公司合成（表 6-3）。

表 6-3 *RhSAUR14* 转基因、qPCR 及亚细胞定位引物

| 名称 | 引物序列（5′-3′） | 目的引物 | 退火温度/℃ | 片段长度 |
|---|---|---|---|---|
| SAUR14-F | cagtCGTCTCACAACATGGGATTCCGGTTGCCTGG | cDNA全长扩增 | 55 | 282bp |
| SAUR14-R | cagtCGTCTCATACATCACACACTTAGGCGGGAAG | | | |
| SAUR14-qPCR-F | CCTTCCTTGATCTCACTTCC | qRT-PCR | 60 | 20bp |
| SAUR14-qPCR-R | TCGTCTTCATCTGGAGTCA | | | |
| SAUR14-yXB-F | cagtCGTCTCACAACATGGGATTCCGGTTGCCTGG | 亚细胞定位 | 50 | 282bp |
| SAUR14-yXB-R | cagtCGTCTCATACATCACACACTTAGGCGGGAAG | | | |

注：下划"……"表示保护碱基，下划"＿＿"表示酶切位点，下划"＿＿"为目的引物片段。

## 二、试验方法

### 1. 候选基因筛选

前期的工作中，笔者分别获得了光照长度处理下月季转录组测序和光照强度处理下月季转录组数据。在差异基因的分析过程中，笔者寻找重要

的差异基因。运用 qRT-PCR 确定候选基因。在此基础上，依据转录组数据提供的序列，在 NCBI 网站上进行比对，获取该基因的信息。

### 2. *RhSAUR14* 基因生物信息学分析

在转录组数据中，笔者找到重要的差异基因序列，用 ORF Finder（http//www. ncbi. nlm. nih. gov/projects/gorf/）进行 BLASTX 比对。运用生物信息学在线软件对 *RhSAUR14* 基因编码的蛋白预测，详细分析方法见表 6-4。同时在美国国家生物技术信息中心（National Center of Biotechnology Information，NCBI）网站中查找 *RhChr7g0210481* 的同源基因，将同源基因序列在 DNAMAN 软件中进行比对，采用 MEGA 6.06 构建系统进化树。

表 6-4　基因生物信息学分析工具

| 名称 | 网址 | 蛋白预测 |
| --- | --- | --- |
| ProtParam | http：//web. expasy. org/protparam/ | 蛋白质的理化性质 |
| ProtScale | http：//web. expasy. org/protscale/ | 氨基酸的疏水性 |
| TMHMM Server v . 2. 0 | http：//www. cbs. dtu. dk/services/TMHMM/ | 氨基酸的跨膜结构域 |
| SignalP 4. 1Server | http：//www. cbs. dtu. dk/services/SignalP/ | 蛋白质的信号肽 |
| COILS | http：//www. ch. embnet. org/software/COILS_form. html | 蛋白质的卷曲螺旋 |
| NetPhos 3. 1 Server | http：//www. cbs. dtu. dk/services/NetPhos/ | 蛋白质的磷酸化位点 |
| Conserved Domain | http：//www. ncbi. nlm. nih. gov/Structure/cdd/wrpsb. cgi | 氨基酸序列的保守结构域 |

| 名称 | 网址 | 蛋白预测 |
|---|---|---|
| SOPMA | http：//npsa-pbil. ibcp. fr/cgi-bin/npsa_automat. pl? page＝npsa_ sopma. html | 蛋白质的二级结构 |
| SWISS-MODEL | http：//swissmodel. expasy . org/ | 蛋白质的三级结构 |
| ProtFun 2. 2 Server | http：//www. cbs. dtu. dk/services/ProtFun/ | 蛋白质的功能 |

### 3. *RhSAUR14* 基因的克隆

（1）月季茎尖总 RNA 的提取与检测

具体方法：①用吸管将 $500\mu l$ 植物核糖核酸（RNA）裂解液（添加 DTT）吸进 1.5ml 微量离心管。②称量 $100\mu g$ 的植物组织放入液氮中，用研钵和杵研磨。③组织粉末转移到含有 $500\mu l$ 植物 RNA 裂解液的 1.5ml 微量离心管中。离心 10～20s，充分混合。④在 56℃ 下孵育 3min。在大于等于 14000r/min 下离心 5min。⑤收集上清液（通常为 450～550$\mu l$）并转移至干净的微量离心管，加入 $250\mu l$ 96％乙醇，用移液管混合。⑥将混合物转移到插入收集管的纯化柱上。以 11000r/min 离心 1min。丢弃流经溶液，重新组装色谱柱和收集管。⑦向纯化柱中加入 $700\mu l$ 洗涤缓冲液 WB1。以 11000r/min 离心 1min。丢弃过流管和收集管。将纯化柱放入干净的 $2\mu l$ 收集管中。⑧向纯化柱中加入 $500\mu l$ 洗涤缓冲液 WB2。以 11000r/min 离心 1min。丢弃过流溶液，重新组装色谱柱和收集管。⑨重复步骤⑥，在最大速度超过 14000r/min 下离心 1min。丢弃含有流动溶液的收集管，并将纯化柱转移到无 RNase 的 1.5ml 收集管中。⑩洗脱 RNA 时，向纯化柱膜中心加入 $50\mu l$ 无核酸酶水，以 11000r/min 离心 1min。⑪丢弃纯化柱。纯化的 RNA 在 $-70℃$ 下保存。

（2）cDNA 合成

① 变性。反应液总体积为 10μl。其中 5×gDNA Eraser Buffer 2μl、gDNA Eraser 1μl、Total RNA 0.5μl、RNase free dH$_2$O 6.5μl。之后 42℃金属浴 2min。

② 合成。反应液总体积 20μl。其中变性后反应液 10μl、Prine Script Rt Erzyme Mix Ⅰ 1μl、Rt Prime Mix 1μl、5×Prime Script Buffer 2 4μl、RNase free dH$_2$O 4μl。之后 85℃金属浴 5s，−20℃保存。

③ PCR 反应体系及程序。cDNA 扩增运用 PrimeSTAR® HS DNA Polymerase 高保真酶。扩增体系：总体积 45μl。dNTP 5μl、buffe（Mg$^{2+}$）10μl、SAUR14-F/R 1μl、Prime STAR 0.5μl、ddH$_2$O 28.5μl。扩增程序设置：98℃8min，其后 98℃ 10s、60℃ 10s、72℃ 1min，30 次循环，72℃10min，4℃保存。

④ 胶回收。PCR 产物进行凝胶电泳检测。验证无误后利用琼脂糖凝胶 DNA 回收试剂盒进行胶回收。试剂盒购自康为世纪公司。

⑤ RhSAUR14 测序及比对。使用 DNAMAN 对基因进行序列比对。

### 4. RhSAUR14 亚细胞定位

（1）RNA 提取

同"3. RhSAUR14 基因的克隆"中相关内容。

（2）cDNA 的合成

同"3. RhSAUR14 基因的克隆"中相关内容。

（3）PCR 反应体系及程序

同"3. RhSAUR14 基因的克隆"中相关内容，引物退火温度见表 6-3。

（4）目的基因胶回收

同"3. RhSAUR14 基因的克隆"中相关内容。

（5）RhSAUR14 亚细胞定位表达载体的构建

将胶回收基因片段和表达载体使用同一对限制性内切酶在 37℃条件进

行双酶切 1h（表 6-5，表 6-6）、胶回收，并使用 T4 DNA 连接酶（表 6-7）将两个片段的胶回收产物进行连接、转化。

表 6-5　*RhSAUR14* 目的片段双酶切体系

| 组件 | 体积 |
| --- | --- |
| $H_2O$ | 13μl |
| 10 * Buffer | 2μl |
| BsaI/Eco31I | 1μl |
| pBWA（V）HS-ccdb-GLosgfp | 4μl |
| 合计 | 20μl |

表 6-6　亚细胞表达载体双酶切体系

| 组件 | 体积 |
| --- | --- |
| $H_2O$ | 13μl |
| 10 * Buffer | 2μl |
| BsaI/Eco31I | 1μl |
| pBWA（V）HS-ccdb-GLosgfp | 4μl |
| 合计 | 20μl |

表 6-7　T4 DNA 酶连接体系

| 组件 | 体积 |
| --- | --- |
| $H_2O$ | 5.5μl |
| 10 * Buffer | 1μl |
| T4_ligase | 1μl |
| pBWA（V）HS-Rh0210481-DNA | 2.5μl |
| 合计 | 10μl |

（6）*RhSAUR14* 亚细胞表达载体菌液 PCR 验证

以 *RhSAUR14* 的 cDNA 为模板进行高保真扩增，扩增产物纯化回收，与载体连接，将连接产物转化大肠杆菌，培养皿涂板后挑取 10 个菌斑，进行 PCR 鉴定阳性克隆，送样测序验证。引物参照表 6-3，PCR 反应体系参照表 6-8，反应程序参照表 6-9。

表 6-8　PCR 反应体系

| 组件 | 体积 |
| --- | --- |
| $H_2O$ | $16.5\mu l$ |
| buffer | $2.5\mu l$ |
| $Mg^{2+}$ | $2\mu l$ |
| dNTP | $1\mu l$ |
| HS35seq | $1\mu l$ |
| NOSseq-R | $1\mu l$ |
| taq | 1U |
| Template | $1\mu l$ |
| 合计 | $25\mu l$ |

表 6-9　PCR 反应程序

| 步骤 | 循环数 |
| --- | --- |
| 94℃，5min | 1 |
| 94℃，30s | 30 |
| 50℃，45 s | 30 |
| 72℃，17 s | 30 |
| 72℃，10min | 1 |
| 16℃，30min | 1 |

（7）*RhSAUR14* 表达载体转化农杆菌

50μl 农杆菌感受态细胞中加入质粒 DNA 0.1～1μg（5～10μl），之后冰浴 30min；放入液氮中 5min（或 1min），然后立即放入 37℃水浴锅中水浴 5min；取出离心管，加入 0.5ml LB 培养基，28℃、220r/min 振荡培养 3～5h；取出菌液于含相应抗生素的 LB 平板上涂板，在培养箱中 28℃条件下倒置培养。2d 左右可见菌落。

（8）扫描电镜确定基因表达位置

25℃左右培养 25～30d 拟南芥幼苗（未抽薹）；取苗若干，加入 5～10ml 酶解液，全部浸泡组织为宜。24℃静置酶解 4h；40μm 滤网过滤后 300r/min 离心 3min，去上清液；用预冷 W5 溶液 10ml 洗涤 2 次，300r/min 离心 3 min，离心温度 4～25℃均可；根据需要加入 500μl MMG 溶液悬浮（每个样品，用 100μl 原生质体悬液）。镜检：40 倍镜下，每个视野 20～40 个左右原生质体；取 100μl 原生质体悬液＋20μl DNA（10μl pSm35s-cYFP-A 和 10μl pSm35s-nYFP-B），取与 DNA 和原生质体体积之和相等的 PEG4000 溶液（120μl），轻柔混合，室温静置 30min；用 1ml 的 W5 稀释终止反应。300r/min 离心 3min 收集原生质体，去上清液；加入 1ml W5 洗涤 1～2 次。最后加入 1ml W5 溶液，28℃暗培养 18～24h；去上清液，只留 100μl 左右的原生质体悬液，荧光显微镜或者激光共聚焦显微镜观察。

## 5. *RhSAUR14* 拟南芥转基因

（1）RNA 提取

同 "3. *RhSAUR14* 基因的克隆" 中相关内容。

（2）cDNA 的合成

同 "3. *RhSAUR14* 基因的克隆" 中相关内容。

（3）PCR 反应体系及程序

同 "3. *RhSAUR14* 基因的克隆" 中相关内容，引物退火温度见表 6-3。

（4）目的基因胶回收

同"3. *RhSAUR14* 基因的克隆"中相关内容。

（5）*RhSAUR14* 转基因表达载体的构建

将胶回收基因片段和表达载体使用同一对限制性内切酶在 37℃ 条件进行双酶切 1h（表 6-10，表 6-11）、胶回收，并使用 T4 DNA 连接酶（表 6-12）将两个片段的胶回收产物进行连接、转化。

表 6-10    *RhSAUR14* 目的片段双酶切体系

| 组件 | 体积 |
| --- | --- |
| $H_2O$ | $13\mu l$ |
| 10 * Buffer | $2\mu l$ |
| BsaI/Eco31I | $1\mu l$ |
| *SAUR14* 胶回收产物 | $4\mu l$ |
| 合计 | $20\mu l$ |

表 6-11    *RhSAUR14* 转基因表达载体双酶切体系

| 组件 | 体积 |
| --- | --- |
| $H_2O$ | $13\mu l$ |
| 10 * Buffer | $2\mu l$ |
| BsaI/Eco31I | $1\mu l$ |
| pBWA（V）HS | $4\mu l$ |
| 合计 | $20\mu l$ |

表 6-12    *RhSAUR14* T4 DNA 连接酶体系

| 组件 | 体积 |
| --- | --- |
| $H_2O$ | $6\mu l$ |
| 10 * Buffer | $1\mu l$ |

| 组件 | 体积 |
|---|---|
| T4_ligase | 1μl |
| pBWA（V）HS 酶切胶回收产物 | 1μl |
| *SAUR14* 酶切胶回收产物 | 1μl |
| 合计 | 10μl |

（6）*RhSAUR14* 转基因表达载体 PCR 验证

挑取 10 个菌斑进行菌液 PCR 验证，引物见表 6-3，PCR 反应体系见表 6-13，反应程序见表 6-14。

表 6-13　PCR 反应体系

| 组件 | 体积 |
|---|---|
| $H_2O$ | 16.5μl |
| buffer | 2.5μl |
| $Mg^{2+}$ | 2μl |
| dNTP | 1μl |
| HS35seq | 1μl |
| NOSseq-R | 1μl |
| taq | 1U |
| Template | 1μl |
| 合计 | 25μl |

表 6-14　PCR 反应程序

| 步骤 | 循环数 |
|---|---|
| 94℃，5min | 1 |
| 94℃，30s | 30 |

| 步骤 | 循环数 |
|---|---|
| 50℃，45s | 30 |
| 72℃，17s | 30 |
| 72℃，10min | 1 |
| 16℃，30min | 1 |

（7）*RhSAUR14* 表达载体转化农杆菌

50μl 农杆菌感受态细胞中加入质粒 DNA 0.1～1μg（5～10μl），之后冰浴 30min；放入液氮中 5min（或 1min），然后立即放入 37℃水浴锅中水浴 5min；取出离心管，加入 0.5ml LB 培养基，28℃、220r/min 振荡培养 3～5h；取出菌液于含相应抗生素的 LB 平板上涂板，在培养箱中 28℃条件下倒置培养 2d 左右可见菌落。

（8）*RhSAUR14* 拟南芥转基因

①播种。拟南芥（哥伦比亚野生型）播种之后用保鲜膜覆盖。②移栽。拟南芥长出两片真叶时移栽，移栽后的苗用保鲜膜覆盖保湿，3～4d 后揭去保鲜膜，一个月左右莲座叶可以覆盖塑料杯口，幼苗的浇水量适中。③农杆菌培养。挑取农杆菌（选用 GV3101）单菌落，置于培养液中，振荡培养。④侵染。第一次侵染前去除已长出的角果，第一次侵染之后隔一周再侵染一次，共侵染两到三次，侵染之后植株保持水分充足。⑤收种。拟南芥角果泛黄干燥后收种子。收获的种子为 T0 代。⑥筛选。T0 代种子用 75%酒精洗 30s，之后无菌水清洗两次，再用 30%次氯酸钠浸泡 10min 左右，无菌水洗两到三次，无菌水浸泡 1h，0.1%的琼脂水溶液悬浮后，转移至筛选培养基（含有 20mg/L 潮霉素）。⑦移栽。待拟南芥长出两片真叶且长势较好时移栽，保湿 3～4d 即可揭去保鲜膜，一个月左右莲座叶可以覆盖塑料杯口，幼苗的浇水量要适中。⑧检测。拟南芥出苗后检测拟南芥的抗性。⑨T0 代的种子重复收种、筛选、移栽、检测的步骤，直至筛选出 T3 代种子。

## 6. T3代种苗的表形观察

为了进一步分析候选基因的功能，以转基因 T3 代苗和野生型拟南芥为试验材料，记录转基因拟南芥与野生型拟南芥（WT）的表形。每个处理 5 株，三次重复。

# 第二节
## 候选基因筛选

从月季基因组数据库（GDR，https：//www.rosaceae.org/）调取 *RhChr7g0210481* 基因的编码序列，并将其序列在 NCBI 数据库进行比对，发现其与 AtSAUR14 蛋白的相似度最高，将其命名为 *RhSAUR14*。笔者对不同光照长度处理（CK、8h、10h、12h）和光照强度处理（CK、60％、100％）第三天的月季茎尖进行 qRT-PCR 分析，结果如下。之前的研究表明光照长度与花枝长度呈正相关［图 3-10（c）］，本研究中数据证明光照长度与 *RhSAUR14* 基因表达量呈负相关［图 6-2（a）］，推断 *RhSAUR14* 基因表达量与花枝长度呈负相关。同样，之前的研究表明光照强度与花枝长度呈正相关［图 3-14（a）］，本研究中数据证明光照强度与 *RhSAUR14* 基因表达量呈负相关［图 6-2（b）］，推断 *RhSAUR14* 基因表达量与花枝长度呈负相关，两者出现了统一。结果表明 *RhSAUR14* 是调控夏季花枝发育的关键基因。

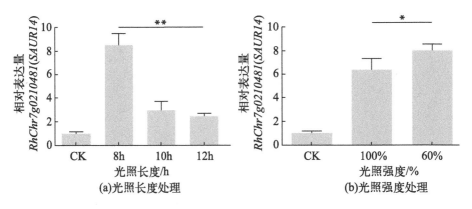

图 6-2　*RhSAUR14* 基因的表达量

注：* 表示差异显著（$0.01 < P < 0.05$）；** 表示差异极显著（$P < 0.01$）

## 第三节
# *RhSAUR14* 基因信息学分析

## 一、 *RhSAUR14* 编码氨基酸的同源性比对及进化树分析

运用 ExPASY ProtParam 网站对 *RhSAUR14* 进行氨基酸系列分析，分析结果如下。*RhSAUR14* 基因共编码 150 个氨基酸。表达蛋白质分子量为 16843.28kDa，理论等电点（PI）为 6.58，为疏水性蛋白；脂肪指数为 90.40；含 19 种氨基酸，其中含量较高的是 Ser、Leu，含量分别为14.6%、10.6%，含量较低的为 Cys，含量为 0.7%；带负电荷残基（asp glu）总数 13，带正电荷残基（arg lys）总数 12。该蛋白的不稳定指数计算为 55.54，这表明蛋白质是不稳定的。

将 *RhSAUR14* 基因序列在 NCBI 中进行 BLAST 比对，筛选出了 19个基因的序列，构建了系统进化树（图 6-3）。结果表明 19 个 SAUR 转录

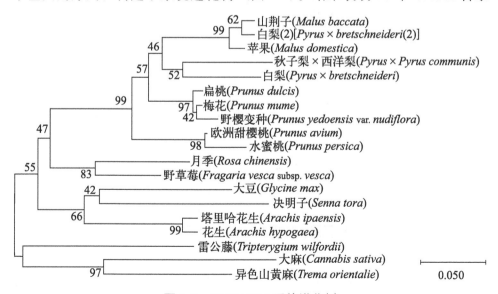

图 6-3 *RhSAUR14* 系统进化树

因子家族基因全部有同源性，但是月季与苹果、白梨基因亲缘关系最远，其次是梨、樱桃、梅花、水蜜桃等，重要的是月季与野草莓的亲缘关系最近（图 6-4）。尤其在氨基酸的同源性比对中发现月季和野草莓的同源性最高。

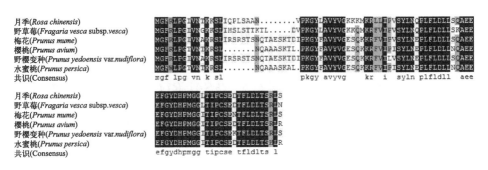

图 6-4　*RhSAUR14* 编码氨基酸的同源性比对

## 二、　*RhSAUR14* 基因编码蛋白的保守结构域预测

笔者将 *RhChr7g0210481* 基因在 NCBI 中进行 BLAST 比对，研究表明 *RhChr7g0210481* 基因具有 SAUR 蛋白的保守结构域（图 6-5），属于 SAUR 家族基因成员。

图 6-5　*RhSAUR14* 蛋白的保守结构域

## 三、　*RhSAUR14* 基因编码蛋白质的功能预测

利用 http：//web.expasy.org/protscale/在线网站进行 ProScale 分析。结果发现，月季节数发育相关基因 *RhSAUR14* 编码蛋白中疏水峰值

中超过比例 50％的氨基酸大于 0，依据亲疏水性预测原则：位于坐标轴 0
以上为疏水性蛋白，位于坐标轴 0 以下的为亲水性蛋白（图 6-6）。依据分
析结果指示 *RhSAUR14* 基因编码蛋白为疏水性蛋白。

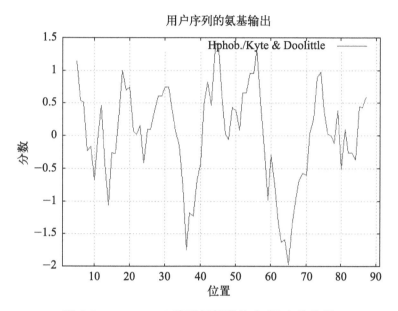

图 6-6 *RhSAUR14* 编码氨基酸的亲/疏水性分析

采用 NetPhos 3.1 Server 预测 *RhSAUR14* 节数相关基因编码蛋白的
磷酸化位点，结果表明，*RhSAUR14* 编码蛋白总共含有 15 个磷酸化位
点，其中 Serine（丝氨酸）磷酸化位点占比最大，为 7 个；Threonine（苏
氨酸）为 3 个；Tyrosine（酪氨酸）为 4 个。Serine 磷酸化点于 70～90 之
间较为集中，全部位点位于 10～90 之间（图 6-7）。

运用在线网站 http：//npsa-pbil. ibcp. fr/cgi-bin/npsa＿automat. pl?
page＝npsa_sopma. html 中的 SOPMA 预测 *RhSAUR14* 节数相关基因编
码蛋白的二级结构包含 α 螺旋、β 转角、延伸链及无规则卷曲。其中 α 螺
旋和无规则卷曲是重要的结构元件，分别占总数的 41.94％和 37.63％，β
转角的比例最低为 3.23％（图 6-8）。利用 SWISS-MODEL 对基因进行蛋
白三级结构预测（图 6-9）。

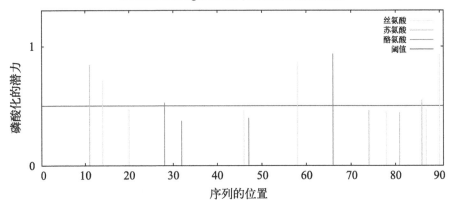

图 6-7 *RhSAUR14* 编码蛋白的磷酸化位点预测分析

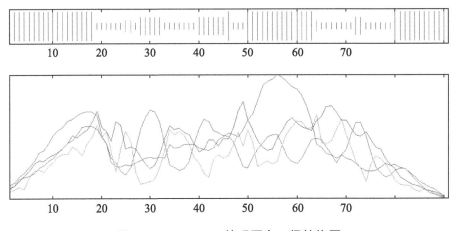

图 6-8 *RhSAUR14* 编码蛋白二级结构图

运用在线网站 http：//www. cbs. dtu. dk/services/TMHMM/中 TM-HMM Server v. 2. 0 对 *RhSAUR14* 基因编码蛋白的跨膜结构开始预测，结果表明，*RhSAUR14* 编码蛋白不具备跨膜结构域（图 6-10），说明该基因编码蛋白不是膜蛋白。

利用 ExPASy 系统中的在线软件 SignalP 4. 1 Server 预测 *RhSAUR14* 编码蛋白的信号肽，结果表明（图 6-11），第 22 位的丙氨酸残基有最高的剪切位点分值 0. 227，由于最后得 D 值（信号肽均值与 Y-max 的平均值）

为 0.450，因此推测 *RhSAUR14* 所编码的蛋白不含有信号肽，为非分泌蛋白。

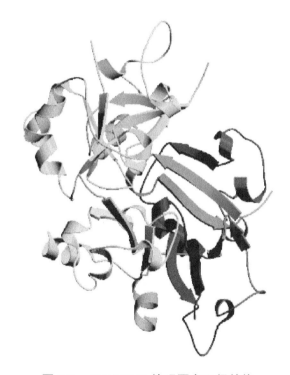

图 6-9　*RhSAUR14* 编码蛋白三级结构

网页序列的TMHMM后验概率

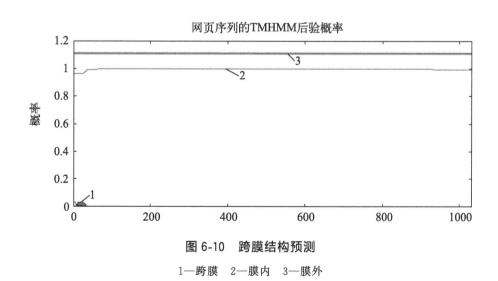

图 6-10　跨膜结构预测

1—跨膜　2—膜内　3—膜外

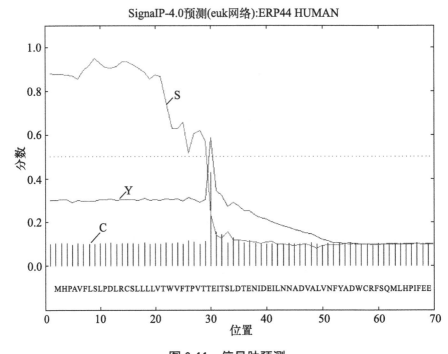

图 6-11　信号肽预测

# 第四节
# *RhSAUR14* 基因的克隆

## 一、RNA 的纯度和完整性检测

运用 RNA 提取试剂盒分离月季品种'卡罗拉'总 RNA。采用琼脂糖凝胶电泳法分离检测 RNA 的质量，凝胶成像分析系统检测 RNA 纯度和完整性。从图 6-12 中可以明显地观察到 28S、18S、5S 条带均没有降解现象，并且 28S 条带亮度明显比 18S 亮，说明提取的 RNA 质量很好，可以用于下一步的 cDNA 合成。

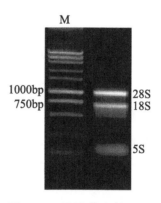

图 6-12　月季茎尖总 RNA

## 二、*RhSAUR14* 基因克隆方法

以月季茎尖总 RNA 反转录后的 cDNA 为模板，利用特异引物 SAUR14-F：
5′-CAGTCGTCTCACAACATGGGATTCCGGTTGCCTGG -3′；　SAUR14-R：
5′-CAGTCGTCTCATACATCACACACTTAGGCGGGAAG-3′，50μl PCR

体系进行扩增，基因条带为 282bp，1‰琼脂凝胶电泳进行验证，凝胶成像分析系统进行观察（图 6-13）。

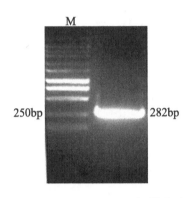

图 6-13　*RhSAUR14* PCR 扩增电泳图

M—6000bp DNA Marker

## 三、阳性克隆筛选及测序

将 282bp 的电泳片段切下经过琼脂糖凝胶电泳验证后，进行胶回收，回收程序按照试剂盒说明书进行，并与载体 pBWA（V）HS 进行连接。连接后产物进行转化大肠杆菌感受态细胞，进行菌落筛选。挑取菌斑进行扩繁，等待菌液浑浊进行菌液 PCR，对 PCR 阳性菌株提取质粒进行测序。并将测序结果进行比对，比对结果发现扩增的序列与目的条带的序列完全一致（图 6-14）。

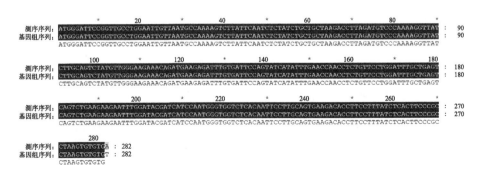

图 6-14　*RhSAUR14* DNAMAN 序列比对

## 第五节
## *RhSAUR14* 亚细胞定位

### 1. RNA 提取材料

选择月季品种'卡罗拉'为试验材料。早上 8 点取样，锡箔纸包裹后迅速放入液氮中，保存于－80℃冰箱中。

### 2. 引物设计

我们从光照长度和光照强度处理转录组测序数据中获得 *RhSAUR14* 作为候选基因。使用 Primer Premier 5.0 软件以全长序列为模板设计上下游引物，扩增候选基因的全长序列。根据扩增出来的基因序列设计荧光定量引物及亚细胞定位引物，所有引物由上海生工生物工程技术服务有限公司合成。

### 3. *RhSAUR14* 亚细胞定位表达载体 PCR 及酶切验证

利用载体引物扩增菌液检测出电泳条带为 401bp 左右的片段（图 6-15），选 1～3 个阳性条带对应的菌液，取 100µl 送样测序，其余 400µl 菌液接种到 5～10ml 抗性 LB 培养基（含卡那霉素）中，试管摇菌，待测序结果出来后，对应测序正确的取 1 管提取质粒。

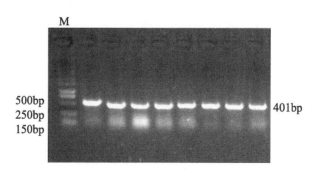

图 6-15　*RhSAUR14* PCR 扩增电泳图

M—6000bp DNA Marker

### 4. *RhSAUR14* 拟南芥原生质体亚细胞定位

*RhSAUR14* 基因的亚细胞定位分析表明，在与重组农杆菌共培养的拟南芥叶绿体对照中，绿色荧光蛋白信号在拟南芥叶绿体细胞的所有位置中都能观察到，但是在 pBWA（V）HS-*RhSAUR14* 重组农杆菌转化的拟南芥叶绿体细胞中，绿色荧光蛋白信号在拟南芥叶绿体细胞的细胞质和细胞核中都能观察到，结果表明，*RhSAUR14* 定位于拟南芥的细胞核和细胞质中（图 6-16）。

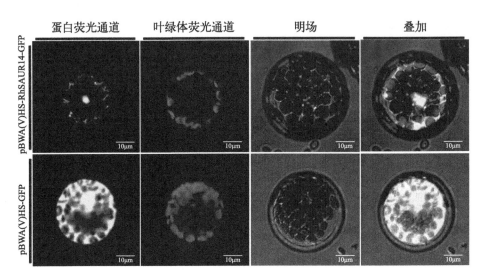

图 6-16　*RhSAUR14* 亚细胞定位

## 第六节
# *RhSAUR14* 拟南芥转基因功能验证

### 1. RNA 提取材料

同本章第五节。

### 2. 引物设计

同本章第五节。

### 3. *RhSAUR14* 转基因表达载体 PCR 及酶切验证

为了在植物中对 *RhSAUR14* 进行过表达分析，首先将 *RhSAUR14* 连入 pBWA（V）HS，利用载体通用引物对获得的阳性克隆进行 PCR 扩增，发现载体中已经连入目的基因大小的片段（图 6-17）。进一步在获得的阳性克隆中挑选进行酶切检测分析，结果与预期相符，证明 *RhSAUR14* 已经连入目的载体中，经测序鉴定分析确定连入的序列正确，可以进行下一步分析。

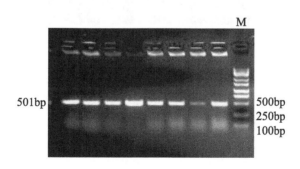

**图 6-17　*RhSAUR14* 基因 PCR 扩增电泳图**

M—6000bp DNA Marker

### 4. 拟南芥转基因 PCR 验证

利用构建的过表达载体转化拟南芥，对通过抗生素筛选的 L289 拟南芥材料（图 6-18）进行 PCR，均检测出目的基因，且条带大小符合 *Rh-SAUR14* 基因片段（图 6-19），表明 *RhSAUR14* 过表达载体已经成功转化拟南芥。

(a)T3代种苗筛选　　　　　　(b)T3代种苗移栽

图 6-18　*RhSAUR14* 拟南芥转基因 T3 代种苗筛选

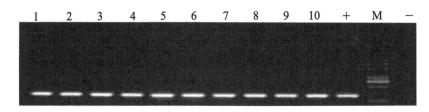

图 6-19　*RhSAUR14* 转基因 PCR 验证

M—5000bp DNA Marker.

### 5. 超表达 *RhSAUR14* 对拟南芥的影响

将转入 *RhSAUR14* 基因的拟南芥 T3 代种苗与哥伦比亚野生型拟南芥种苗的表形进行观察，结果表明在成熟期 15 株 T3 代种苗的平均株高为 21.6cm，而野生型（wild type，WT）种苗为 28.5cm（图 6-20）。超表达 *RhSAUR14* 的 T3 代拟南芥株高显著低于 WT 拟南芥。这表明，*Rh-SAUR14* 表达量与拟南芥的株高呈负相关。

(a)T3代(*RhSAUR14*转基因)与
WT(哥伦比亚型)拟南芥表形图

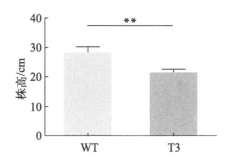

(b)T3代(*RhSAUR14*转基因)与
WT拟南芥株高比较

**图 6-20　超表达 *RhSAUR14* 基因对拟南芥的影响**

注：** 表示差异极显著（$P < 0.01$）

第七章

# 成果与应用

# 第一节
# 主要成果

## 一、品种分级

对收集的切花月季品种资源的花形、花色等十个性状进行三年数据调查，利用主成分分析法开展综合评价，将目前寒地生产中使用的品种划分为四级，Ⅰ级可以作为寒地主栽月季品种，有 4 个：'大桃红''黑魔术''坦尼克''卡罗拉'；Ⅱ级建议在寒地作为丰富或补充品种种植，这类月季品种有 8 个；Ⅲ级和Ⅳ级的月季品种不推荐在寒地进行推广。同时发现各月季品种夏季短枝现象在寒地是普遍存在的，但不同品种间存在一定的差异。

## 二、光照影响花芽分化进而影响月季夏季短枝现象

对筛选的主栽切花月季品种'卡罗拉'和'大桃红'开展了夏秋两季自然环境下地栽切花月季规模生产观测。数据表明，'卡罗拉'是夏季短枝现象的敏感月季品种；花枝节数是研究夏季花枝长度的靶向表形，而花枝节数受花芽分化进程的制约。通过对夏、秋两季花枝长度数据与夏秋季气象资料联合分析表明，哈尔滨地区 6 月份是光照长度最长的时期，夏季商品切花的花芽分化期恰好是在 6 月份，秋季商品切花的花芽分化期是在 7 月下旬，夏季相对于秋季的低光照强度和长光照长度可能是导致寒地切花月季夏季短枝现象的因素之一。

## 三、光照强度对花枝伸长效应更大

对盆栽切花月季品种'卡罗拉'进行夏季温度、光照长度和光照强度的单因素控制处理实验表明，温度对夏季花枝长度影响不显著，光照强度和光照长度都影响了夏季花枝生长；与夏季自然环境下花枝生长的数据比较分析表明，光照是导致寒地切花月季夏季短枝现象的重要环境因子，其中光照强度对促进花枝伸长的形态建成效应更大。

## 四、光照长度通过调控生长素、脱落酸影响月季花枝长度

不同的光照长度处理下茎尖的转录组测序分析表明，光照长度 8h 和 12h 处理共有的差异基因是 686 个，激素相关基因为 94 个，而脱落酸和生长素相关基因之和占激素相关差异基因总数的 50％以上，而笔者进一步研究也证明了光照长度 12h 相对 8h 处理枝中脱落酸的含量显著下降、生长素的含量显著上升。结果表明光照长度通过调控生长素和脱落酸正向影响了寒地夏季切花月季花枝长度。

## 五、光照强度通过调控生长素和脱落酸影响月季花枝长度

不同的光照强度处理下茎尖的转录组测序结果表明，光照强度 60％和 100％处理共有的差异基因（GEGs）是 373 个，发现 39 个与激素相关的 DEGs。其中脱落酸 DEGs 13 个，生长素 DEGs 7 个，二者之和占激素总 DEGs 50％以上。进而运用 qRT-PCR 验证了随着光照强度增加，脱落酸相关基因 *RhCYP707A* 和生长素合成基因 *RhAIP15A* 表达量上升。结果表明光照强度通过调控生长素和脱落酸影响了寒地切花月季夏季花枝长度。

## 六、*RhSAUR14* 基因负向调控株高

从光照长度和光照强度处理下的转录组测序数据中获得一个 SAUR 家族的候选基因 *RhChr7g0210481*，命名为 *RhSAUR14*。通过 qRT-PCR、基因信息学、转基因拟南芥和亚细胞定位等方法进行功能验证。结果表明 *RhSAUR14* 是调控夏季月季花枝长度的关键基因；*RhSAUR14* 编码的蛋白不具备跨膜结构域，不含有信号肽，为疏水性、非分泌蛋白而且不稳定。在氨基酸的同源性比对中发现与野草莓的同源性最高；亚细胞定位显示该基因位于细胞质和细胞核中；将基因构建植物表达载体并转化拟南芥，发现基因过量表达后，拟南芥株高降低，笔者推测 *RhSAUR14* 基因具有负向调控株高的功能。

本研究探索了寒地切花月季品种适应性评价和切花月季夏季短枝现象的机理。得到以下创新：第一，采用主成分分析法对 22 个切花月季品种资源 10 个性状进行综合分析，筛选出适宜寒地栽培的切花月季品种，鉴定出研究寒地切花月季夏季短枝现象的敏感月季品种'卡罗拉'；第二，鉴定出寒地切花月季夏季短枝现象的靶向表形是节数；第三，明确光照强度和光照长度是导致寒地切花月季夏季短枝现象的重要环境因子。

# 第二节
# 展望

本研究发现了很多有趣的问题，需要继续以下科学试验。第一，探索在寒地切花月季夏季短枝现象中光照长度和光照强度互作的机制；第二，探索寒地切花月季夏季短枝现象中内源脱落酸和生长素互作的机制；第三，深入研究 *RhSAUR14* 对拟南芥株高影响的机理。

## 一、不同评价方法在切花月季品种筛选中的应用

对于切花月季的评价，除了产量、抗病性以外，还包括花色、花型、花瓣质地等直观性状，如何对这些性状进行全面、合理地综合评价一直是科学家争论的焦点。评价方法对于品种筛选至关重要，通过实验分析判断品种的地区适应性、推广范围，这些工作是科学实验与实际生产的无缝对接，无法开展实际生产，那么针对花卉评价的科学实验就没有意义。对实际生产而言，科学评价方法可以为经济效益的提高及生产水平的提升提供强有力的支持。而对于育种科研工作，真实、整体地反映品种的综合表现是十分重要的，建立一种方便、客观、容易操作的评价方法对育种者来说事半功倍。

近几年各地区纷纷引种切花月季，普遍存在盲目扩大生产，缺失品种适应性的科学评价，特别是缺少针对本地气候、环境、土壤、水质等因素的鉴定工作，因此切花产业发展迟缓，甚至造成较大的经济损失。目前针对品种筛选的评价手段，我国还没有统一的标准可循，世界上最早的切花月季的评价追溯到 1983 年，美国月季协会 AARS（All American Rose Selections）制订了国际上的月季评分标准。我国最早是由马燕在部分月季花品种的数量分类研究中采用 Q 型聚类分析方法进行月季分类，并通过对多种方法比较分析，证明类平均法（group average）的结果最佳。同

年，马燕采用模糊数学手段，对月季品种抗性进行评价分级，而且结论与专家评议一致，取得很好的应用价值。随后，郭亚军（2002）在《综合评价的合理性问题》一文中，举例说明综合评价方法在运用上如何进行合理性的验证，通过建立数学模型来完成主要问题的解决策略。在 2004 年，薛麒麟等提出以百分法作为切花月季评比依据。2005 年王菲彬采用层次分析法对蜡梅切花观赏特性进行了综合评价，借助资料查询和实际调查手段，对 30 余个品种进行了分析，鉴定出适应当地种植的品种 10 余个。在他之后，2006 年周媛同样运用了层次分析法对 17 个桂花品种进行了综合评价，对花部特性、花枝形态进行了田间调查，将 17 个品种分为：一级切花品种 4 个，二级切花品种 7 个，三级切花品种 4 个，以及不适作切花品种 2 个。但对于寒带地区的切花月季品种的评价尚不完善。

农作物品种的评价方法经历了漫长的发展历程，由最初的定性走到了定量，由对单一数据的统计分析，进入了多因素综合考虑的水平。主要的评价方法如下。①百分制记分法。由陈俊愉创建并首次将该方法用于岩菊科研育种工作，开创了我国建立评价体系历史的先河。方法使用简单易行，缺点是需要运用它的人员要对所评价的品种具备较强的知识储备。②模糊数学法。由 L. A. Zadeh 在美国加利福尼亚大学创建。建立以来主要在自动化、医学领域等非农业范畴方面进行应用。1993 年王四清将该方法引用到地被菊新品种评价中，取得很好的效果。该方法存在的问题是无法设置时间变量，导致对于农作物不能进行动态的评估。③灰色系统理论。由邓聚龙于 1982 年提出。理论以不确定的因子为对象，是在模糊数学法理论的基础上演变出来的，差别是引入了时间变量，从全面、实用角度提升了模糊数学法的不足。王力（2010）在大庆盐碱地玉米育种应用试验中采用了灰色关联方法。该方法运算简单，广泛为农业科研工作者所使用。④层次分析法。由 A. L. Saaty 于 1973 年在美国匹兹堡大学创立。该理论是以非定量因素进行定量分析的一种方法。是把肉眼观察到性状进行客观描述，使以往无法用数学方法进行分析的情况实现了质的转变。刘玉莲、封培波等运用层次分析法对樱花等花卉种类进行了评价，该方法已经成为一种有效的评价手段。此外还有 DTOPSIS 法。笔者的研究是将百分制记分法、层次分析法与主成分分析法相结合，将夏季短枝现象融入评价体系，建立了一套寒地切花月季品种资源筛选的新方法。

## 二、寒地切花月季夏季短枝现象是高发的生理障碍

季节间月季花茎长度差异的现象在全世界普遍存在，但研究结果存在分歧。Virginia 通过对肯尼亚四倍体月季群体夏季与冬季花枝长度进行观测，结果发现冬季显著高于夏季。Byung-Chun 在韩国采用月季品种'Lovely Lydia'开展试验，表明夏季花茎长度高于冬季，主要是由于季节性气候差异导致的。笔者的研究结果，月季夏季短枝现象在中国黑龙江省是普遍存在的，主栽月季品种均有发生，但存在差异。

## 三、温度参与调控切花月季夏季短枝现象

实验结果表明，随着昼温的升高，切花月季花枝长度变短，这与前人研究结果一致。研究表明高温导致两次月季切花收获之间的时间间隔较短，但花茎长度也较短。低温则有相反的效果。此外，通过研究发现，温度变化并没有导致叶片数量的差异。这与前人研究结果一致。D. P. de Vries 和 L. Smeets 在人工气候室里，在 6 个恒温条件下，培育出了从萌发到初花的切花月季。无论温度如何，所有的幼苗都开花了。随温度升高，幼龄、初花天数、地上部叶长、花柄长度、地上部鲜重和根系鲜重均呈下降趋势，对叶片数量影响不大。笔者推断温度在月季夏季短枝现象中没有发挥关键作用。

## 四、光照参与调控切花月季夏季短枝现象

月季植株的生产力取决于不同产量成分的变化，如从抑制状态中释放

的侧芽数量、花芽败育率、更新枝的形成和花茎的生长速度。而所有这些变量都受光照的影响，光照在月季栽培中的重要性已得到充分证实。光照是影响月季植株生长和开花的最重要因素。由于季节变化或遮阴导致的光照强度和光照长度的减少会降低月季切花的产量。不同的生产力和品质因素，如萌芽，盲花率，更新枝的形成，采收间隔时间，茎和花蕾的长度、重量、直径，叶面积和花瓣色素等均受光照的影响。实验结果表明月季夏季短枝现象主要与节数相关。而在夏季相同环境下，进行月季不同光照长度处理试验表明，光照长度可以影响节数，而且在光照长度 8h 和 12h 处理之间呈现显著差异。同期开展的不同光照强度处理实验表明，光照强度同样可以影响节数，而且在光照强度 60％和 100％处理间花枝长度、节数均呈现显著差异。这说明光照长度和光照强度都参与了调控月季夏季短花枝现象。

本实验研究中采用了盆栽、第一茬花采收后开始处理、统一修剪部位和保留单腋芽等措施，保障了数据的有效性。

## 五、夏季短枝现象的发生与光照长度有关

研究表明，光照长度的增加可以促进切花月季花枝长度的延长［图 3-8（c）］。结果与之前的研究一致。Moe 报道，增加光照长度可以促进初花和花枝生长。而且目前研究主要集中在外部因素对月季节数和节间长度的影响，但是相关机制尚不清楚。笔者的研究表明，月季夏季短枝现象与光照长度有关，光照长度调节节数，从而影响月季的枝长。

笔者研究中转录组测序的时间为月季花过渡期（节数达到最大值）。关于这一时期的基因调控研究有很多，王长权对 RcMIKCC 基因的调控机制进行了综述，阐明了 AP3/PI 基因在花器官发生中的重要作用，以及 RcAGL19、RcAGL24 和 RcSOC1 基因在月季花器官发生中的调控作用，为 RcMIKCC 基因及其在花器官发生中的潜在作用提供了一个全面的认识。王长权报道大部分含 JmjC 结构域的基因在月季由营养生长向生殖生长转变过程中起着重要作用。时间表达谱分析基因表达随着花芽的分化和

发育而波动，证明了它们在花器官发生中的重要作用。VIGS 诱导沉默 *RcJMJ12* 导致开花时间延迟，为 *RcJMJ12* 在开花启动中的作用提供了遗传学证据。高俊平研究表明 *RhNF-YC9* 正向调控花瓣的膨胀速度，并介导了乙烯与赤霉素的串联。揭示了 NF-YC 转录因子参与乙烯调控花瓣扩张的功能。宁国贵研究表明紫枝月季的多次开花习性可能与 *KSN* 表达有关，可能与表观遗传修饰以及染色体上的反转录转座子插入有关。郭雪莲研究了与花转化相关的脱落酸和生长素的调控。Fostr 和 Xing（2015）研究表明 ABA 信号通路是诱导苹果花转化的关键因子。虽然笔者分析转录组的时间是花过渡时期，但主旨是寻找调控月季花枝节数的关键差异基因。因此研究中一方面将光照处理 12h/d 和 8h/d 与光照处理 0d 进行对比，另一方面选择在光照处理 12h/d 和 8h/d 的重叠中的差异基因。综合以上的研究，笔者推断，一些基因可能同时具有调控节数发育和花过渡的功能。

月季夏季短枝现象的调控还与其他环境因子有关。结果表明，在光照长度 12h 处理第 3 天节数达到最大值，而光照长度 8h 处理在第 7 天节数达到最大值，结果与前人研究一致。Acker 发现月季所有的叶片和花芽在腋芽萌发后 10 天左右已经形成。根据对夏秋两季月季腋芽发育时期的气象资料分析，光照长度的延长可能是导致夏季短枝现象的环境因素之一。结果表明，夏季自然气候条件下，光照长度与月季花枝长度呈正相关。试验结果与推论相反，说明夏季短枝现象不仅受光照长度的影响，还受其他环境因子的影响。

## 六、脱落酸和生长素参与光照长度调控切花月季夏季短枝现象

本研究中光照长度影响夏季月季枝发育的差异基因分析表明，较为显著的 GO 富集信号通路包括："脱落酸激活的信号通路""对脱落酸的反应""生长素响应"等。进一步分析关键差异基因，笔者发现在激素相关的差异基因中，脱落酸和生长素相关差异基因占激素相关总基因的 50％以上。结果表明脱落酸和生长素是参与调控夏季月季枝发育的重要植物

激素。

笔者发现脱落酸合成途径相关基因 NCED（RhChr5g0027901）和 CYP707A（RhChr5g0065871）是处理间差异基因，说明茎尖具有合成脱落酸的能力。前人也存在类似研究，McAdam（2016）发现，在代表性被子植物根中脱落酸都是来源于叶中合成，而不是来自根。Tylewicz（2018）研究表明脱落酸参与了光照调控植物季节性生长，笔者推断脱落酸与月季夏季花枝发育相关。

以往研究表明在茎生长过程中内源脱落酸可能具有积极的作用，这为脱落酸直接影响节数发育提供了佐证。有趣的是，Seo 发现了来自拟南芥的四个 AO 基因，并验证了拟南芥醛氧化酶 1（AAO1）具有将 IAAld 转化为 IAA 的功能。Xiong L 和 Bittner F 分别研究表明 AO 家族需要钼辅助因子硫化酶才能发挥酶活性，而钼辅助因子硫化酶由 ABA DEFICIENT 3（ABA3）编码的。还有研究表明，ABA 主要通过增强 AUXIN 信号来调节植株生长。最近揭示了 ABA-AUXIN 串扰的潜在分子机制。科学家证明了 ABA 诱导 ARF2，ARF2 作为同源结构域基因 HB33 的转录抑制因子。ARF2 缺失或 HB33 表达增强，导致根系生长对 ABA 反应过度敏感。这为 ABA 通过作用 AUXIN 间接影响节数发育提供了佐证。结果表明，ABA 可能是直接或者间接影响节数发育。

生长素在激素相关的 DEGs 比例仅次于脱落酸，而且枝中 IAA 含量与光照长度呈显著正相关。说明生长素与夏季月季短枝现象有关。

本研究表明在信号转导途径中，处理间在 AUX/IAA 和 SAUR 中存在较多的差异基因。有趣的是 AUX1/IAA（RhChr2g0137301）通过转录组和 qRT-PCR 验证 RhChr2g0137301 表达与节数发育趋势相同，而 Rh-Chr7g0210481 的表达趋势恰恰相反。依据京都基因与基因组百科全书（KEGG），绘制月季生长素合成途径，从途径看，属于 L-Trp 的 IAA 生物合成途径，以往研究表明依赖 L-Trp 的 IAA 生物合成是植物 IAA 生物合成的主要途径。但在合成途径中 Indole-3-acetaldoxime 有两条路径，一条是先合成 Indole-3-acetaldohyde，再合成 Indoleacetate；另一条是先合成

Indole-3-acetonitrile，再合成 Indoleacetate。由于在转录组数据中没有相关注释，无法确定具体路径。但有趣的是 *DDC*（*RhChr1g0324861*）基因表达在光照长度 12h 相对于 8h 上调，推断枝中生长素的含量 12h 处理比 8h 处理高。内源激素测量也验证推断，结论与前人一致。Chen（2013）在拟南芥中发现生长素和其转运蛋白 PIN-FORMED1（PIN1）之间的正反馈环诱导叶片发育的启动。Braybrook 和 Kuhlemeier（2010）同样在对拟南芥的研究中发现叶原基的发生取决于起始点生长素最大值的形成。说明生长素通过调控月季节数，进而影响了夏季月季花枝的发育。

综上所述，由于光照长度不同可以导致月季花枝长度的差异，结合数据，笔者认为 ABA 在调控芽的发育中起着至关重要的作用。Xiong（2020）证明外源脱落酸是影响植物生长和发育的重要激素之一。与内源激素测定和转录组联合分析，确定了调控月季花枝的关键基因 *NEPS1-like*（*RhChr7g0238411*）和 *CYP707A*（*RhCr5g0065871*）。同时，生长素相关基因 AUX1/IAA（*RhChr2g0137301*）和 *DDC*（*RhChr1g0324861*）可能与 ABA 协同调控枝的发育。所鉴定的基因和激素可用于月季枝发育的进一步检测。

## 七、光照强度是影响切花月季夏季短枝现象的重要因素

从研究中得知，月季花枝生长第三天的差异基因数据显示，随着光照强度增加差异基因数量变少，结合显微结构观察，笔者推断月季茎尖进入花芽分化阶段时，营养生长相关调控基因已经不再表达，因此差异基因总量是减少的。Andreini 和郑婷（2020）通过葡萄冬芽在最初形成时期是叶原基和花原基同时存在的研究表明，葡萄枝中没有营养生长转变为生殖生长的情况，而应该是两者在植物生长过程中共同存在，花芽分化期只是说明生殖生长的肉眼可见期而已。笔者推断月季也具有葡萄同样的性状，花芽分化期差异基因数量的减少，是因为营养生长的部分调控基因没有表达导致的。有趣的是不同光照强度处理的 DEGs 与前期不同光照长度对夏季

月季短花枝现象影响研究中的情况相同。因此可以推断，光照强度参与了夏季月季短花枝现象的调控，同时夏秋季花枝长度数据与夏秋季气象资料联合分析表明，夏季切花月季生长期的低光强可能调控寒地切花月季夏季短枝现象的发生，在进一步的光照单因素实验中同样验证了这个推断。因此说明光照强度对促进花枝伸长的形态建成效应更大。

## 八、光照强度对切花月季枝中激素的影响

从研究中得知，光照强度通过调控脱落酸和生长素参与夏季月季短花枝现象。研究结果与前期研究光照长度参与夏季月季短花枝现象的调控机理是同样的。然而关于光和植物激素之间的相互作用以及对月季发育的影响研究较为有限。Zieslin 和 Halevy 指出，随着光照强度的降低，月季茎最上部枝条中类赤霉素物质的活性也随之降低。这种下降在下部枝条中更为明显，因为下部枝条更容易花朵败育。笔者推断光照促进茎尖中生长素、脱落酸含量的增加。相同的研究还未见报道，但有许多光照强度对植物内源激素影响的研究报道。Mor月季茎尖弱光下降低了库强度，而将苄基腺嘌呤应用于弱光下的枝则恢复了库的动员能力。Van Staden 研究中黑暗条件下枝条中内源细胞分裂素的含量高于光照条件下的枝条，表明黑暗可能导致内源细胞分裂素失活。Zieslin 和 Halevy 研究发现遮阴使茎上部两个枝条的乙烯释放量急剧下降。经过 6h 的滞后期，遮阴植株的乙烯释放量仅在容易败育的第二个枝条中检测到增加，而在非遮阴植物中两个枝条中的乙烯释放量一直较高且相似。两种激素是如何进一步调控节数的增加、同时加快生殖发育速度，笔者推断了光照强度对夏季月季短花枝现象的调控模型（图 5-8）。

## 九、 SAUR 家族对叶片发育的影响

在叶片生长发育中，生长素对调控叶片的起始、叶片的形成、叶脉的

发育以及叶片的形状和大小发挥着关键的作用。有很多研究表明，生长素调节叶片的生长和发育与 SAURs 有关，SAURs 是通过控制细胞扩张和分裂来调节叶片的生长。

Spartz 等（2012）发现 SAUR19 亚家族基因正向调控叶片生长。SAUR19、SAUR23 和 SAUR24 的 miRNA 表达使植物叶面积减少，而超表达的 SAUR19 融合蛋白的植物叶片比野生型更大。这些叶片大小的变化完全是由于细胞大小的改变，这些结果表明 SAUR19 亚家族基因正向调节细胞扩张以促进叶片生长。研究人员发现，SAUR19 在促进叶子生长的基因中显得较为特殊。例如，最近的一项研究验证了 13 个在过表达或突变时导致叶片大小增加的基因，结果显示 SAUR19 和 EXPANSIN10 是唯一影响细胞扩张而不是细胞分裂的基因。此外，当与其他促进生长的突变/转基因进行成对组合测试时，SAUR19 过表达导致叶片大小协同增加。这些发现表明，SAUR19 亚家族基因是未来提高植物生物量的基因工程研究重要目标。

与 SAUR19 亚家族基因不同，一些 SAURs 被认为是叶片生长的负调控因子。SAUR76 在根中高度表达，而在叶中表达微弱。有趣的是，虽然生长素处理导致根部的 SAUR76 表达显著上调，但在叶片中没有发现 SAUR76 表达的增加。当从 35S 启动子中过度表达 SAUR76 时，叶片变小。这种效应似乎是细胞数量减少而不是细胞大小变小的结果，表明 SAUR76 可能通过负性调节细胞分裂来抑制叶片生长。同样，SAUR36 似乎也负向调控叶片生长，因为 SAUR36 的突变体表现出增大叶片。然而，与 SAUR76 过表达不同的是，SAUR36 突变体表现出叶表皮细胞大小的增加，这表明 SAUR36 负性地调控叶细胞的扩张，而不是细胞分裂。

生长素除了调节叶片的生长发育外，还与叶片衰老有关，最终导致叶片死亡。然而，生长素在叶片衰老中的确切功能尚不清楚，关于生长素对叶片衰老的调控是负调控还是正调控，已有报道相互矛盾。最近在对拟南芥和水稻中生长素诱导的 SAUR 基因的研究表明，生长素可能通过 SAUR 基因的表达促进叶片衰老。拟南芥 SAUR36，也被称为 SAG201

（SENESCENCE-ASSOCIATED GENE201），在叶片中表达上调导致衰老加速和两个独立的 SAUR36 T-DNA 突变体的叶片衰老显著延迟。此外，诱导过表达 SAUR36 可促进叶片早衰。有趣的是，只有在 3′-UTR 中缺乏 DST 元素的 SAUR36 表达结构才具有早期衰老表形，揭示转录后 SAUR36 转录水平可能发挥了重要的功能作用。综上所述，这些发现有力地证明了 SAUR36 正向调节叶片衰老。水稻中的 OsSAUR39 也得到了类似的发现。虽然缺乏证据支持，但 OsSAUR39 在老叶中表达升高，过表达 OsSAUR39 促进了早衰。需要进一步的研究来探讨相应机制，并确定衰老过程中 SAUR36 和 OsSAUR39 表达的上调是否依赖生长素。本研究中 SAUR14 对叶片发育的调控还未见报道。

## 十、 SAUR 家族基因定位与功能的研究

植物 SAUR 基因编码特有的小蛋白质，不包含明显的生物化学功能特征序列。例如拟南芥 SAUR 蛋白的分子量为 9.3～21.4 kDa。SAUR 蛋白最初预测广泛存在于细胞核、细胞质、线粒体、叶绿体和质膜上。以后的试验也证实了这一点。Knauss 等、Park、Narsai 等（2011）利用对 SAUR 融合蛋白的研究，分别将 ZmSAUR2、SAUR32、SAUR36 定位在细胞核中，Kant 等、Narsai 等（2011）、Kong 等（2013）和 Qiu 等（2013）分别将 OsSAUR39、SAUR55、SAUR41、SAUR71 定位在细胞质中。Chae 等（2012）和 Spartz 等（2012）分别将 SAUR63、SAUR19 定位在质膜上。笔者试验将月季 SAUR14 定位在细胞核和细胞质中。这些发现需要谨慎解释，因为大多数研究都是在 SAUR 的过表达结构中进行的，有时是在异体系统中进行的，这些发现表明不同的 SAUR 可能定位于不同的细胞腔室。笔者研究中 SAUR14 被定位于细胞质和细胞核中，但是对该基因的功能还未知。

部分细胞核定位的 SAUR 基因过表达导致了细胞伸长。Park 和 Sun 等（2016）得出 SAUR32 是拟南芥 SAUR 基因的第一个特征性基因，定

位于细胞核。它的过表达导致下胚轴生长减慢，并在黑暗中消除顶端挂钩的形成。该基因对生长素或光不反应。也存在不同，Markakis 等（2013）定位于细胞核的 SAUR76 过度表达并不会促进细胞伸长，但会影响组织的分生活性，叶中的细胞较少，根中的细胞较多。Ma 等（2017）报道，木薯 MeSAUR1 蛋白也定位于细胞核，可以结合和调节 ADP 葡萄糖焦磷酸化酶亚单位 MeAGPs1a 的启动子，从而发挥转录因子的作用。MeSAUR1 含有一个特殊的 N-端，它保守于单子叶和真叶植物的一个分支，其中包括拟南芥 SAUR10 和 SAUR50 蛋白。然而，这个 N-末端不太可能提供 DNA 结合活性，因为 SAUR10 和 SAUR50 在过度表达时都表现出典型的细胞伸长表形。未来需要对 MeSAUR1 和其他 SAUR 进行深入的分析，以确定一些 SAUR 是否可以作为转录因子，并揭示 SAUR 在细胞核中的作用。

SAUR 功能并不局限于促进细胞伸长。其他观察到的功能，如衰老，可能也是通过与 PP2C. Ds 的相互作用来调节的，而其他功能可能依赖于其他机制，并且更具支系特异性。特定的 N-或 C-末端的存在可以实现钙调素结合、金属结合。Li 等（2015）报道 SAUR76、SAUR78 与乙烯受体相互作用，甚至具有 DNA 结合能力。分支特有的保守的 N-或 C-末端的存在表明，不同的亚分支可以有不同的功能。

有趣的是，Sun 等（2016）报道了 SAURs 能诱导细胞伸长的拟南芥。在幼苗形态发生过程中受到调控，几乎所有的植物都属于 Kodaira 等（2011）定义的分支Ⅰ和分支Ⅱ，而大多数分支Ⅲ SAUR 要么不在下胚轴/子叶中表达，要么在转移到光下时不表现出差异表达（除了 SAUR41、SAUR49 和 SAUR52）。这可能意味着诱导细胞伸长的能力，可能与质膜定位有关，记录在蛋白质序列中。同样，执行细胞伸长以外的功能的能力也可能取决于特定的蛋白质基序。未来对负责定位和蛋白质-蛋白质相互作用的蛋白质基序的阐明将使人们对可能存在的支系特异性功能有更多的了解。

# 第三节
# 应用案例

## 一、和平乡"塞北花都"花卉园区

### 1. 寒地鲜切花的起源

2007 年黑龙江省农业科学院大庆分院开展寒地切花月季育种及栽培技术研究。最初笔者接到此项目的时间大约是 4 月份，引进了 8 个切花月季品种，1 个蔷薇品种。但年底无论如何都养不成花店销售的鲜切花，枝条总是不能直立。如何解决这个问题？笔者提议去国内主产区云南学习。

经过上级批准，2007 年 12 月份，笔者踏上了去云南的火车，到一家老字号月季生产企业学习。初到企业的时候眼睛和时间都不够用。每天 7 点起床，到企业后换上工作服，进入棚室日常养护，开始学习切花月季管理。晚上返回住处，回顾白天的收获并撰写工作日志。如饥似渴地学了整整一个月。

2008 年元旦，笔者从云南回到黑龙江。2008 年 5 月份，在大庆分院实验基地，生产出第一批寒地月季切花，得到切花批发商的认可，被媒体称为"大庆人自己的月季花"。经历三年的摸索，初步形成了寒地切花月季栽培技术。2015 年选育出切花月季新品种'龙玫 1 号'，填补了省内空白。

### 2. 花卉园区的起步阶段

2009 年大庆市开展"科技兴农"活动，笔者挂职黑龙江省大庆市肇源县和平乡副乡长。2010 年建立第一栋示范棚，同年 7 月生产出第一批切花，以每支 1 元的价格销售到市区。2011 年，乡政府着手扩大月季种植，月季栽培面积增至 20 余亩。

### 3. 院县共建"大庆农科院花卉研究所"

2012年肇源县人民政府与黑龙江省农业科学院大庆分院在和平乡花卉园区合作共建"大庆农科院花卉研究所"。研究所包括一间办公室、2栋60m×12m的日光温室、1栋塑料棚室。2013年示范展示了月季、康乃馨、非洲菊、百合主要切花种类，品种数量达到近百个。同步开展新品种选育和技术指导，年接待农户咨询1000人次。

### 4. 突破产业种苗越冬瓶颈

切花月季种植一次可以收获六到七年。但寒地地区冬季最低温度可以达到零下35℃，为保障月季安全越冬，一般采用日光温室生产。1栋日光温室建造成本约为15万元，而1栋塑料棚室的成本约为1.5万元，设施成本过高严重制约寒地切花月季产业的发展。所内科研人员历经五年的研究突破产业瓶颈，研发国家专利"寒地切花月季种苗越冬新型棚室"，使得寒地切花月季种植可以采用塑料棚室。栽培面积迅速增长。

### 5. 奠定了寒地切花月季在全国的定位

2015年园区切花月季种植面积达到700余亩，成为东北三省最大的月季切花生产基地，被正式命名为"塞北花都"花卉专业种植园区。园区生产销售主要瞄准夏季"七夕节"市场，全年收益近70％出自夏季。从全国主产区来看，寒地地区夏季较为少雨，且温度偏低，切花品质较高，尤其是灰霉病发生率相较云南主产区较低。园区充分利用这段时间生产，明确产业定位。随着生产的发展又出现了新的产业瓶颈：夏季切花月季花枝长度相较春、秋两季偏短，农户称为"夏季短枝现象"。以往没有报道，也缺乏理论支撑。

### 6. 六年磨一剑，明晰"夏季短枝现象"的机理

为攻克"夏季短枝现象"产业瓶颈，提升寒地地区夏季切花的市场竞争力，从2019年开始笔者组织科研攻关。围绕温度、光照两大因素进行摸索，初步明确了光照长度和光照强度影响月季夏季短枝现象的机理，为

下一步寒地地区突破产业瓶颈提供有力的理论支撑。

如今的肇源县和平乡"塞北花都"花卉园区，月季种植面积达到1500余亩，年产值2600余万元，和平乡成为远近闻名的花卉之乡。和平乡还将千年古榆树、稻田养鱼、有机蔬菜与花卉园区联合开发，打造出产业拉动乡村旅游的致富之路。

## 二、吉林盛世花卉产业科技开发股份有限公司

随着寒地切花月季栽培技术逐步成形，课题组技术服务覆盖面积达3000余亩，包括黑龙江省大庆、哈尔滨、绥化、七台河等多地，同时向辽宁、吉林等多地拓展。其中一例是吉林盛世花卉产业科技开发股份有限公司。

2013年，和平乡花卉研究所迎来一批外省客人，为首的是一位身材瘦削、眼睛大大的青年。笔者带着客人沿着园区参观路线进行介绍，从早期发展的园区到新建设园区，最后到达研究所示范基地。之后在研究所的办公室内，大家开始座谈。青年虽然刚刚25岁的年纪，却拥有从事鲜花行业近十年的经历，但一直没有从事过种植，都是在销售端，梦想着完善鲜切花月季全产业链。偶然的机会，在媒体中了解到笔者在寒地鲜切花科研中的进展，因此有了这次黑龙江之行。本着共同致力切花月季产业的推广，双方达成了合作意向。

忙碌的2013年转瞬即逝。2014年4月份的一天，笔者接到青年的电话，极力邀请笔者到他家里看一下，盛情难却转天踏上了前往吉林的火车。到达吉林省白城市已经是晚上七点多了，还是那个瘦弱的身影来接笔者。到宾馆后，开始跟笔者请教种植前的准备工作。第二天一早，接笔者到了实地。到达后吃了一惊，总共不超过2亩的地，来了30多人，且都是青壮年。实践证明，青年的号召力很强、行动力也不错。

2014年的一年里，经过多方共同努力，青年实现了种植鲜花的梦想。虽然笔者的技术支撑起到一定的作用，但最可贵的是他对于农业那份执着

的情怀。之后，青年成立了吉林盛世花卉产业科技开发股份有限公司，公司从花卉种植到批发形成了产业一条龙的经营模式，现如今已经发展成为当地农业龙头企业。

## 三、尼尔河乡月季园

### 1. 月季园起源

在黑龙江省地方标准《切花月季棚室生产技术规程》制订与国家专利"寒地切花月季越冬新型棚室"研发后，黑龙江省各地市发展切花月季产业的积极性高涨。

在产业发展的背景下，笔者的同学邹元（化名）受组织委派到绥棱县尼尔河乡挂职第一书记。邹元召集了包括笔者在内的博士同学谋划在尼尔河乡发展哪些农业项目。

博士团受到乡政府隆重的接待。先是参观了水稻种植基地，又看了部分设施农业，最后返回乡政府座谈。座谈中笔者着重讲述了切花月季产业发展现状及前景，受到当地领导的高度重视，初步拟定了发展切花月季产业的意向。

### 2. 产业虽好，谁来做？

从产业推广角度，通常需要分几步走。第一步"产业示范"，通过邀请及宣传等方法，获得希望发展产业的政府认可，获得政策和资金的支持。第二步选出首位敢于"吃螃蟹"的人，此人尤为重要，既要具备与政府沟通的能力，又要对从事切花月季产业有极强的动力，同时具备农业的相关基础知识，假如还能在当地具有一定的号召力，那就是"不二"人选。第三步"产业韧劲要足"。无论政府政策，还是"第一人"都要坚持不懈地共同努力。依据经验看，新兴农业产业的落地，差不多要10年左右的时间。所谓的"落地"是指完全由农民为主要从业者，政府仅仅保留服务职能，科研院校担当技术指导，大户承担有偿销售服务。以上可以表述为产业的真正"落地"。但是一旦成形，农业产业可持续几十年，它不仅是种植技术的问题，而是演变成农民的观念，当然市场需求是必不可少的原动力。

刚刚起步，遇到"第一人"这个难题。恰恰在此时，一位村支部书记毛遂自荐，最终成为了"不二"人选。

### 3. 产业萌芽，波折不断

产业发展初期，问题层出不穷。尤为突出的是尼尔河乡月季园选址。由于是先前已确定的场地，存在很多问题：①地势较低，一旦遇上暴雨必将成为"涝地"；②土质较为黏重且 pH 值达到 9 左右，偏碱性。虽然笔者做了很多的预案，例如在设施棚室边上提前挖好排水渠；在整地时，施加了大量腐熟的牛粪；将田间垄高提升至 30cm，但是依然遭遇了短时强降雨导致水淹没幼苗达 2 天的情况。

### 4. 产业初步成形

经历了一年的时间，产业初步成形，所生产的鲜切花主要销售绥化市周边，得到了当地经销商的认可，农户种植积极性较高。

# 参考文献

埃文斯 A，朱海军，封蕾，2006. 品种选择在月季领域的关键性作用 [J]. 中国花卉园艺，
(7)：47-48.

陈述云，张崇甫，1995. 对多指标综合评价的主成分分析方法的改进 [J]. 统计研究，1
(2)：35-39.

郭亚军，于兆吉，2002. 综合评价的合理性问题 [J]. 东北大学学报，23 (9)：125-127.

郭志刚，张伟，2001. 月季 [M]. 北京：中国林业出版社·清华大学出版社.

黄善武，2002. 商品月季生产技术 [M]. 北京：中国林业出版社.

冷红，郭恩章，袁青，2003. 气候城市设计对策研究 [J]. 城市规划，27 (9)：49-84.

李贝，2010. 切花月季品种综合评价筛选及其配套栽培技术研究 [D]，武汉：华中农业大学
园艺林学学院.

李玲，2003. 切花月季在阳光温室的栽培研究 [D]. 北京：北京林业大学.

李玲莉，王凤，余志勇，2020. 20 个月季品种在重庆市的引种栽培研究 [J]. 湖北农业科
学，59 (12)：99-102.

刘德明，1995. 寒地城市公共环境设计 [M]. 哈尔滨：哈尔滨建筑大学出版社.

孙枫霞，2009. 现代月季品种综合评价体系的初步研究 [D]. 北京：北京林业大学.

王菲彬，芦建国，2005. 蜡梅切花观赏特性的综合评价 [J]. 林业科技开发，9 (5)：45-46.

王力，2019. 寒地鲜切花栽培技术 [M]. 哈尔滨：黑龙江科学技术出版社.

王力，李响，刘琳帅，王岭，2010. 大庆市鲜切花月季生产发展现状及前景分析 [J]. 北方
园艺，5 (9)：114-116.

王力，王岭，2010. 灰色关联分析在大庆盐碱地玉米育种中的应用 [J]. 黑龙江农业科学，
14 (6)：40-42.

吴鹏夫，李世超，杨树华，2013. 季节变化对切花月季"卡罗拉"花枝品质及产量的影响
[J]. 湖南农业科学，9 (5)：99-102.

武华鑫，2011. 武汉地区露地栽培月季品种的综合评价、扦插繁殖和杂交育种初探 [D]. 武
汉：华中农业大学园艺林学学院.

薛麒麟，郭继红，2004. 月季栽培与鉴赏 [M]. 上海：上海科学技术出版社.

曾力，孟永禄，梁玲玲，2019. 贵州贵阳地区引种大花月季品种的评估鉴定 [J]. 江苏农业
科学，47 (23)：167-169.

张颖，杨秀梅，王继华，瞿素萍，李树发，唐开学，2009. 云南蔷薇属部分种质资源对白

粉病的抗性鉴定 [J]. 植物保护，35（4）：131-133.

赵献涛，2016. 寒地月季栽培技术 [M]. 哈尔滨：黑龙江人民出版社.

郑婷，张克坤，张培安，2020. 葡萄营养生长与生殖生长间的转变研究进展 [J]. 植物生理学报，56（7）：1361-1372.

周媛，姚崇怀，王彩云，2006. 桂花切花品种筛选 [J]. 浙江林学院学报，11（6）：660-663.

Ahmed Khadr Y W，Feng Que，Tong Li，Zhisheng Xu，Aisheng Xiong，2020. Exogenous abscisic acid suppresses the lignification and changes the growth，root anatomical structure and related gene profiles of carrot [J]. Acta Biochimica et Biophysica Sinica，52（1）：97-100.

Bai M，Liu J，Fan C，et al. KSN heterozygosity is associated with continuous flowering of Rosa rugosa Purple branch [J]. Hortic Res，2021，8（1）：26.

Bemer M，van Mourik H，Muino J M，Ferrándiz C，Kaufmann K，Angenent G C，2017b. FRUITFULL controls SAUR10 expression and regulates Arabidopsis growth and architecture [J]. Journal of Experimental Botany，68（13）：3391-3403.

Braidwood L，Breuer C，Sugimoto K，2014. My body is a cage：mechanisms and modulation of plant cell growth [J]. New Phytol，201（2）：388-402.

Braybrook S A，Kuhlemeier C. How a plant builds leaves [J]. Plant Cell，2010，22（4）：1006-1018.

Byrne M E，2012. Making leaves [J]. Curr Opin Plant Biol，15（1）：24-30.

Chae K，Isaacs C G，Reeves P H，et al，2012. Arabidopsis SMALL AUXIN UP RNA63 promotes hypocotyl and stamen filament elongation [J]. Plant J，71（4）：684-697.

Chen C X，Hussain N，Wang Y R，et al，2020. An Ethylene-inhibited NF-YC Transcription Factor RhNF-YC9 Regulates Petal Expansion in Rose [J]. Horticultural Plant Journal，6（6）：419-427.

Chen M K，Wilson R L，Palme K，et al，2013. ERECTA family genes regulate auxin transport in the shoot apical meristem and forming leaf primordia [J]. Plant Physiol，162（4）：1978-1991.

Cockshull K E，2015. Roses II：The effects of supplementary light on winter bloom production [J]. Journal of Horticultural Science，50（3）：193-206.

Dong Y，Lu J，Liu J，et al，2020. Genome-wide identification and functional analysis of JmjC domain-containing genes in flower development of Rosa chinensis [J]. Plant Mol Biol，102（4/5）：

417-430.

Favero D S, Le K N, Neff M M, 2017. Brassinosteroid signaling converges with SUPPRES-SOR OF PHYTOCHROME B4-♯3 to influence the expression of SMALL AUXIN UP RNA genes and hypocotyl growth [J]. Plant J, 89 (6): 1133-1145.

Gitonga V W, Koning-Boucoiran C F, Verlinden K, et al, 2014. Genetic variation, heritability and genotype by environment interaction of morphological traits in a tetraploid rose population [J]. BMC Genet, 15 (20): 146.

Grabherr M G, Haas B J, Yassour M, et al, 2011. Full-length transcriptome assembly from RNA-Seq data without a reference genome [J]. Nat Biotechnol, 29 (7): 644-652.

Guo X, Yu C, Luo L, et al, 2017. Transcriptome of the floral transition in Rosa chinensis 'Old Blush' [J]. BMC Genomics, 18 (1): 199.

Hou K, Wu W, Gan S S, 2013. SAUR36, a small auxin up RNA gene, is involved in the promotion of leaf senescence in Arabidopsis [J]. Plant Physiol, 161 (2): 1002-1009.

Hu L, Mei Z, Zang A, et al, 2013. Microarray analyses and comparisons of upper or lower flanks of rice shoot base preceding gravitropic bending [J]. PLoS One, 8 (9): e74646.

In B C, Lim J H, 2018. Potential vase life of cut roses: Seasonal variation and relationships with growth conditions, phenotypes, and gene expressions [J]. Postharvest Biology and Technology, 135: 93-103.

Jibran R, Hunter D A, Dijkwel P P, 2013. Hormonal regulation of leaf senescence through integration of developmental and stress signals [J]. Plant Mol Biol, 82 (6): 547-561.

Khan M, Rozhon W, Poppenberger B, 2014. The role of hormones in the aging of plants - a mini-review [J]. Gerontology, 60 (1): 49-55.

Kodaira K S, Qin F, Tran L S, et al, 2011. Arabidopsis Cys2/His2 zinc-finger proteins AZF1 and AZF2 negatively regulate abscisic acid-repressive and auxin-inducible genes under abiotic stress conditions [J]. Plant Physiol, 157 (2): 742-756.

Kong Y, Zhu Y, Gao C, et al, 2013. Tissue-specific expression of SMALL AUXIN UP RNA41 differentially regulates cell expansion and root meristem patterning in Arabidopsis [J]. Plant Cell Physiol, 54 (4): 609-621.

Liu H J, Chai S S, Shi C Y, et al, 2015. Differences in transport of photosynthates between high-and low-yielding Ipomoea batatas L. varieties [J]. Photosynthetica, 53 (3): 378-388.

Liu J, Fu X, Dong Y, et al, 2018. MIKC (C) -type MADS-box genes in Rosa chinensis:

the remarkable expansion of ABCDE model genes and their roles in floral organogenesis [J]. Hortic Res, 5 (1): 25.

Li Z G, Chen H W, Li Q T, Tao J J, Bian X H, Ma B, Zhang W K, Chen S Y, Zhang J S, 2015. Three SAUR proteins SAUR76, SAUR77 and SAUR78 promote plant growth in Arabidopsis [J]. Scientific Reports, 5 (6): 12477.

Lohse M, Nagel A, Herter T, et al, 2014. Mercator: a fast and simple web server for genome scale functional annotation of plant sequence data [J]. Plant Cell Environ, 37 (5): 1250-1258.

Ma P, Chen X, Liu C, et al, 2017. MeSAUR1, Encoded by a Small Auxin-Up RNA Gene, Acts as a Transcription Regulator to Positively Regulate ADP-Glucose Pyrophosphorylase Small Subunit1a Gene in Cassava [J]. Front Plant Sci, 8 (1): 1315.

Markakis M N, Boron A K, Van Loock B, et al, 2013. Characterization of a small auxin-up RNA (SAUR) -like gene involved in Arabidopsis thaliana development [J]. PLoS One, 8 (11): e82596.

Mcadam S A, Brodribb T J, Ross J J, 2016. Shoot-derived abscisic acid promotes root growth [J]. Plant Cell Environ, 39 (3): 652-659.

Meng Y L, Li N, Tian J, et al, 2013. Identification and validation of reference genes for gene expression studies in postharvest rose flower (Rosa hybrida) [J]. Scientia Horticulturae, 158 (4): 16-21.

Miyazaki Y, Jikumaru Y, Takase T, et al, 2016. Enhancement of hypocotyl elongation by LOV KELCH PROTEIN2 production is mediated by auxin and phytochrome-interacting factors in Arabidopsis thaliana [J]. Plant Cell Rep, 35 (2): 455-467.

Nagano A J, Kawagoe T, Sugisaka J, et al, 2019. Annual transcriptome dynamics in natural environments reveals plant seasonal adaptation [J]. Nat Plants, 5 (1): 74-83.

Narsai R, Law S R, Carrie C, et al, 2011. In-depth temporal transcriptome profiling reveals a crucial developmental switch with roles for RNA processing and organelle metabolism that are essential for germination in Arabidopsis [J]. Plant Physiol, 157 (3): 1342-1362.

Niek Stortenbeker, 2019. The SAUR gene family: the plant's toolbox for adaptation of growth and development [J]. Journal of Experimental Botany, 70 (1): 17-27.

Niu G, Rodriguez D S, 2009. Growth and physiological responses of four rose rootstocks to drought stress [J]. J Amer Soc Hort Sci, 134 (2): 202-209.

Oh E, Zhu J Y, Bai M Y, et al, 2014. Cell elongation is regulated through a central circuit of interacting transcription factors in the Arabidopsis hypocotyl [J]. Elife, 27 (3): e03031.

Qiu T, Chen Y, Li M, Kong Y, Zhu Y, Han N, Bian H, Zhu M, Wang J, 2013. The tissue-specific and developmentally regulated expression patterns of the SAUR41 subfamily of small auxin up RNA genes: potential implications [J]. Plant Signal Behav, 8 (1): e25283.

Ren H, Gray W M, 2015. SAUR Proteins as Effectors of Hormonal and Environmental Signals in Plant Growth [J]. Mol Plant, 8 (8): 1153-1164.

Schlereth A, Moller B, Liu W, et al, 2010. MONOPTEROS controls embryonic root initiation by regulating a mobile transcription factor [J]. Nature, 464 (7290): 913-916.

Spartz A K, Lee S H, Wenger J P, et al, 2012. The SAUR19 subfamily of SMALL AUXIN UP RNA genes promote cell expansion [J]. Plant J, 70 (6): 978-990.

Stamm P, Kumar P P, 2013. Auxin and gibberellin responsive Arabidopsis SMALL AUXIN UP RNA36 regulates hypocotyl elongation in the light [J]. Plant Cell Rep, 32 (6): 759-769.

Sun N, Wang J, Gao Z, et al, 2016. Arabidopsis SAURs are critical for differential light regulation of the development of various organs [J]. Proc Natl Acad Sci U S A, 113 (21): 6071-6076.

Taniguchi M, Nakamura M, Tasaka M, et al, 2014. Identification of gravitropic response indicator genes in Arabidopsis inflorescence stems [J]. Plant Signal Behav, 9 (9): e29570.

Tylewicz S, Petterle A, Marttila S, et al, 2018. Photoperiodic control of seasonal growth is mediated by ABA acting on cell-cell communication [J]. Science, 360 (6385): 212-215.

Vandenbrink J P, Kiss J Z, Herranz R, et al, 2014. Light and gravity signals synergize in modulating plant development [J]. Front Plant Sci, 5 (1): 563.

Van Mourik H, Van Dijk A D J, Stortenbeker N, et al, 2017. Divergent regulation of Arabidopsis SAUR genes: a focus on the SAUR10-clade [J]. BMC Plant Biol, 17 (1): 245.

Walcher C L, Nemhauser J L, 2012. Bipartite promoter element required for auxin response [J]. Plant Physiol, 158 (1): 273-282.

Wang L, Hua D, He J, et al, 2011. Auxin Response Factor2 (ARF2) and its regulated homeodomain gene HB33 mediate abscisic acid response in Arabidopsis [J]. PLoS Genet, 7 (7): e1002172.

Xing L B, Zhang D, Li Y M, et al, 2015. Transcription Profiles Reveal Sugar and Hormone Signaling Pathways Mediating Flower Induction in Apple (Malus domestica Borkh. ) [J]. Plant

Cell Physiol, 56 (10): 2052-2068.

Xu Y X, Xiao M Z, Liu Y, et al, 2017. The small auxin-up RNA OsSAUR45 affects auxin synthesis and transport in rice [J]. Plant Mol Biol, 94 (1/2): 97-107.

Young M D, Wakefield M J, Smyth G K, et al, 2010. Gene ontology analysis for RNA-seq: accounting for selection bias [J]. Genome Biol, 11 (2): R14.

Zhang S, Zhao Q, Zeng D, et al, 2019. RhMYB108, an R2R3-MYB transcription factor, is involved in ethylene- and JA-induced petal senescence in rose plants [J]. Hortic Res, 6 (8): 131.

物种

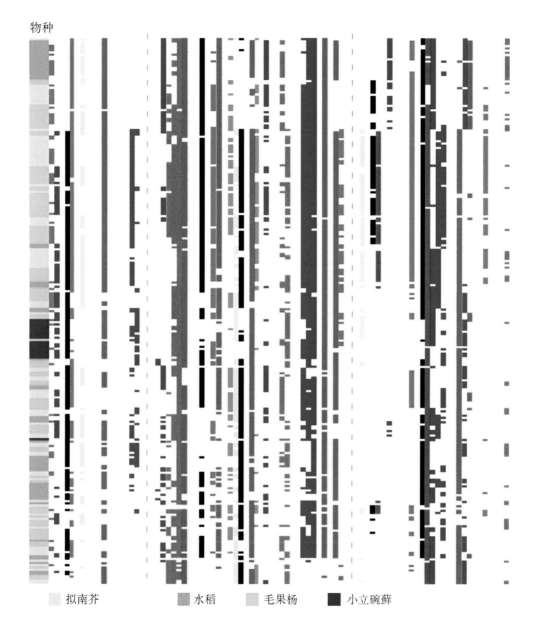

拟南芥　　　水稻　　　毛果杨　　　小立碗藓

## 彩图 1-1　SAUR 结构域

注：使用 Clustal Omega 对来自拟南芥、水稻、毛果杨和小立碗藓的247种 SAUR 蛋白的 SAUR 结构域进行了多序列比对。每个位置的共有残基都用颜色编码。虚线表示从比对中删除的一些 SAUR 家族成员中短的、非保守的插入片段的位置

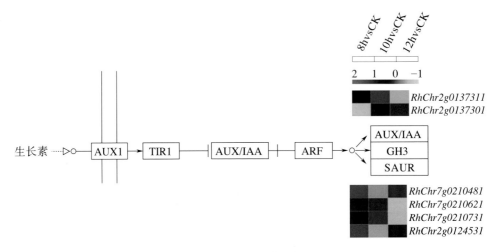

（a）生长素信号转导通路相关基因表达图

AUX1/IAA：生长素反应蛋白IAAS（*RhChr2g0137311*；*RhChr2g0137301*）；

SAUR：SAUR家族蛋白（*RhChr7g0210481*；*RhChr7g0210621*；*RhChr7g0210731*；*RhChr2g0124531*）

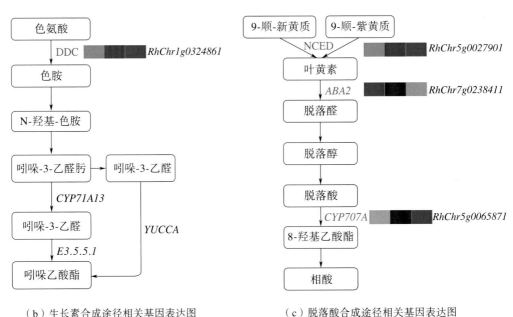

（b）生长素合成途径相关基因表达图

DDC：（*RhChr1g0324861*）

（c）脱落酸合成途径相关基因表达图

NCED：（*RhChr5g0027901*）；ABA2：（*RhChr7g0238411*）；

CYP707A：（*RhChr5g0065871*）

**彩图 4-9　光照长度处理参与枝节数发育的植物激素信号转导和合成途径 DEGs 热图**

注：红色和绿色分别表示从三个比较中上调和下调的转录本（$\log_2$倍数变化）